儿童行为
心理课

让妈妈真正读懂孩子

暖风　著

中国青年出版社

（京）新登字 083 号

图书在版编目（CIP）数据

儿童行为心理课 / 暖风著 . —— 北京 : 中国青年出
版社 , 2019.8

ISBN 978-7-5153-5736-2

Ⅰ.①儿… Ⅱ.①暖… Ⅲ.①儿童心理学 Ⅳ.
① B844.1

中国版本图书馆 CIP 数据核字 (2019) 第 168754 号

儿童行为心理课

暖风　著

责任编辑：李凌　段琼

插图作者：黄一帆

装帧设计：今亮后声 HOPESOUND pankouyugu@163.com

出版发行：中国青年出版社

社　　址：北京东四十二条 21 号

网　　址：www.cyp.com.cn

编辑中心：010-57350520

营销中心：010-57350370

印　　装：北京中科印刷有限公司

经　　销：新华书店

规　　格：710mm×1000mm　1/16

印　　张：19

插　　页：9

字　　数：210 千

版　　次：2019 年 9 月北京第 1 版

印　　次：2019 年 9 月北京第 1 次印刷

定　　价：48.00 元

如有印装质量问题，请凭购书发票与质检部联系调换 联系电话：010-57350337

序言

认识阮小勇是在2016年1月举办的第12期人格面具初级班上，他来自上海，长期从事心理咨询，功力深厚。因为工作繁忙，他没时间参加中级班、高级班，但是，通过自学，他掌握了中级班和高级班的技术，在心理咨询中运用得得心应手。

他之所以这么轻而易举就掌握了人格面具理论和技术，还是因为功力深厚。看他的书稿，就像一本百科全书，信息量极大，涉及弗洛伊德、荣格、温尼科特、克莱因、马勒、科尔伯格等众多心理学大师的理论精髓，涵盖精神分析、分析心理学、人格面具、儿童心理学、发展心理学、积极心理学、神经语言学、儿童认知及道德发展等众多理论和技术，但主题还是明确的，那就是在育儿过程中经常会遇到的问题。

随着社会的发展，每一种职业都有门槛，都要持证上岗，唯有父母，不需要任何培训。而从人的发展来讲，父母是最重要的一种"职业"。一个人心理是否健康、有没有出息、对社会有利还是有害，与父母息息相关。一对好的父母，可以培养出心理健康、对社会有利的孩子；一对不好的父母，则会培养出心理不健康、对社会有害的孩子。虽说"父母皆祸害"的说法有些极端，但每一个问题孩子的背后往往有一对不合格的父母。

所谓好的父母，有两层含义，一是自身心理健康，二是懂儿童教育。父母的心理如果是健康的，性情是开朗的，孩子也会比较健康、开朗。这一方面是遗传，另一方面是"代际传承"。遗传侧重于生理和物质方面，代际传承则侧重于心理和社会（环境）方面。

另外，教育也是很重要的。父母如果不懂教育，不了解儿童发展的关键期，对孩子过度干涉，或放任自流，孩子也容易出问题。

关键期是一个非常重要的概念，意指孩子到了哪个年龄阶段会出现哪些行为、发展哪些能力。一种行为在该出现的时候出现，就是正常的；如果在不该出现的时候出现，就是不正常的。父母如果不了解关键期，就无法判断孩子的表现是正常的还是不正常的，结果就把正常的表现当成不正常的，导致过度干涉、拔苗助长、"过度治疗"；或者把不正常的表现当成正常的，导致问题延误，错失最佳治疗时机。

所以，为人父母，非常需要补一补育儿这门课。《儿童行为心理课——让妈妈真正读懂孩子》就是这样一门课。书中讲解了16类108个问题，涉及育儿过程中的方方面面，都是非常常见的问题。父母如果了解了这108个问题，能够正确处理这些问题，孩子的心理就会比较健康。

谁不想自己的孩子身心健康成长？

黄国胜

医学心理学硕士

温州市人民医院心理科副主任医师

温州市心理卫生协会名誉会长

温州市心理咨询师协会名誉会长

目 录

品行问题

性心理问题

学习问题

游戏问题

亲子关系问题

哺乳问题

哺乳是母亲和孩子最初的连接，也是我们对于世界和人性体验的起源。在哺乳的过程中，妈妈应该注意哪些问题？什么时候可以给孩子断奶？孩子又常常会表现出什么样的行为？这些行为又代表着怎样的心理动因呢？

用奶瓶喂养母乳，会不会对宝宝有心理影响

因为自身条件原因，宝宝出生时就不肯直接吸我的奶，后来一直用吸奶器吸出来用奶瓶喂，一直纯母乳喂到现在（6 个半月）。这样做会有什么影响吗？宝宝和妈妈的乳房没有亲密接触过，是否会影响宝宝安全感的建立？

这是一个很好、很重要的话题。首先，我们需要了解母乳喂养的意思到底是什么。在客体关系的理论中，母乳喂养包含的要素是母亲加乳汁，也就是说，这其中重要的元素，第一是母亲的抱持，第二才是母亲的乳房。

母亲的抱持，是指母亲在喂养孩子时那种精神灌注的状态、充满爱的目光凝视、表情和语言的及时回应等。这些对于孩子的进食来

说是非常重要的。如果这个时候，母亲心不在焉、情绪低落，孩子可能会表现出吐奶等抗拒行为，以此表达"这不是我要的母爱"。所以，母乳喂养时，不管是奶瓶还是乳房，喂养的那个人的精神状态才是关键。

第二个要素是母亲的乳房。心理学家曾研究过母乳喂养与奶瓶喂养的区别，不过因为当时的研究忽略了很多综合因素，比如谁喂、家庭环境、喂多久等，所以得出的结论没有太大的参考价值。但是心理学家发现了一个有趣的现象：用奶瓶喂养的孩子更容易克服分离性焦虑，也就是说，孩子更容易脱离共生性的依恋状态，就像从小就没有和母亲一起睡过的孩子，更容易脱离与母亲的共生性依恋一样。所以，目前为止，研究者没有得出单纯用奶瓶喂养，会对孩子的依恋与安全感产生不利影响的结论。

另外，我还要提一下关于口欲攻击性的问题。很多孩子喝奶时，因为每个母亲乳房发育不同等原因，会导致有些孩子吸不出奶来，这会令孩子产生很大的愤怒和挫败感。同时，很多母亲因为是第一次哺乳，乳头经不住孩子的撕咬，导致发炎或情绪愤怒而暂时中止孩子的吸吮，这也会造成孩子的生存焦虑与迫害性恐惧，同时，孩子的攻击性冲动得不到及时和彻底的释放。所以，从这个角度说，用奶瓶喂养母乳可以防止以上情况的发生，孩子有没有吸出奶来，一看就知道，奶嘴被咬破也没有关系，可以随时换，这对于孩子的心理发展也是比较有利的。

值得注意的是，母乳喂养时容易出现孩子呛奶窒息的情况，孩子会经常自己放开乳头，转过脸休息一下，这时很多母亲会追着把乳头塞进孩子的嘴里。用奶瓶喂养也会存在类似的问题，但是孩子很难自己摆脱奶瓶的奶嘴。因为母亲用奶瓶喂养时的动作和角度，一般是具有压迫性的，很难做到和孩子的细微动作同频，这就容易导致孩子不饿时也会被迫不停地吸吮。研究发现，这也是很多孩子成年后容易有成瘾行为的早期因素。孩子的内心会有烦躁和压迫感，同时不能体验到进食的主控感，因此孩子的全能感会受到影响，这也是乳房喂养和奶瓶喂养都需要注意的地方。

最后总结一下，奶瓶喂养这一方式本身并不会使孩子产生安全依恋方面的问题，重要的还是喂养人的整体状态，是否会及时回应，这也是我们不建议保姆喂养的重要原因。

13 个月的宝宝如何顺利断奶

> 我家小宝 13 个月了，需要考虑慢慢给她断奶了。我在的时候小宝特别黏我，经常表示要吃奶，我不在家也会找我，但不会大哭大闹。请问老师，在孩子这样依恋我的情况下如何顺利断奶，同时又保持哺乳期的亲密关系呢？

理论上，孩子在 6 个月左右的时候就开始有我与非我的概念了，这时就可以断奶了。8 个月以后，奶水提供免疫力的价值就已经不大了，辅食和奶粉可以满足孩子的成长需要，所以，6 ～ 8 个月断奶是没有问题的。这个时期，孩子的心理、生理都可以接受断奶了。

那么，为什么很多孩子甚至到一两岁还断不了奶呢？这个原因主要还是出在妈妈身上。妈妈承受不了与孩子的分离，不忍心看到孩子可怜兮兮的样子，所以常常在努力了几天后又放弃了，这样做非常不利于孩子的分离独立，甚至会加剧孩子的分离焦虑。

断奶只是奶水的停止供应，而不是母爱的停止供应。有些妈妈为了断奶，几天躲着不见孩子，这是非常糟糕的，会让孩子心生恐惧，认为自己失去了妈妈。甚至有些妈妈在乳头上涂芥末，就是为了让孩子不喜欢喝奶，这些都会在无意识中让孩子将对奶水不好的感受与母爱关联到一起。食物关联到母爱的感受，会增加孩子的恐惧感和不安全感。

建议妈妈在断奶期间抱着孩子，孩子哭闹时，能够镇定从容地接纳孩子的悲伤、愤怒，让孩子感觉到自己的情绪被理解；尽量去安抚孩子，让孩子感受到妈妈是不会离开的，是可以提供其他的爱与食物的。断奶前期，妈妈要多陪伴孩子，每次等孩子差不多平静下来了，就跟他玩一会儿躲猫猫的游戏，加强孩子对分离丧失的重新获得体验。记得不要躲太久，离开孩子的视线后马上回来就好。几次之后，孩子就会很高兴妈妈这样做了，因为在内心深处，孩子也是很希望自己可以独立的，妈妈只不过是一个坚定的执行者。

说回上面的问题，孩子 13 个月了，妈妈如果有自己的现实原因，不具备继续哺乳的条件，是完全可以给孩子断奶的。记住以上的断奶心理，不要过于纠结和反复。

③

不忍心给 2 岁宝宝断奶怎么办

因身体原因，要开始长期服药，需要先给 22 个月的宝宝断奶。和她商量、解释后，白天还好，晚上坚决不行，大哭大闹，不肯睡觉，每次意志不坚定又给她吃了。主要是担心天热，怕强行断奶，她会生病，但自己又需要尽快吃药。每次尝试断奶都体会到自己的无助、软弱、不忍心，我该怎么办？

从生理上说，母乳的营养价值在宝宝 8 个月以后基本上已经无法满足孩子的营养需求了，辅食的营养价值已经可以替代母乳了。从心理上说，4 ~ 6 个月的孩子已经学会丢东西的动作，这意味着孩子已经做好了断奶的准备。将东西从手上丢出去、捡回来、再丢出去的游戏，是孩子开始接受妈妈的乳房并不是自己的一部分的开始。所以，对于 22 个月大的孩子来说，她无法接受断奶，问题应该不在孩子，而是要考虑妈妈自身的问题了。

从你的叙述能看出来，断奶对你的难度要比孩子大得多，你对于孩子断奶了会生病的想法，很可能是你自己的投射。你的意志如果不坚定，会导致孩子无法完成与母亲的分离，无法实现个体化的发展，孩子会通过各种哭闹甚至身体的问题来满足妈妈潜意识中不要断奶的心理需求。这个过程需要妈妈做很多的自我探索：你为何那么离不开孩子？甚至自己生病需要吃药了，还是下不了这个决心？

断奶的时候，妈妈需要温柔地坚持。很多时候，孩子离不开的不是妈妈的乳房，而是妈妈的爱。传统的断奶方法是妈妈要离开孩子，尽量不让孩子看见妈妈。其实，从理论上说，在断奶的阶段，妈妈更需要陪在孩子的身边，提供更多的爱和温柔，不要让孩子感受到过快和过大程度的丧失与拒绝，hold 住孩子的悲伤和难过。断奶对孩子而言就是乳房的丧失，等同于客体的丧失，这个丧失是需要允许孩子用充分的悲伤来哀悼的，这样孩子才能发展出健康的利比多转移，才能去寻找其他的替代满足。做到这些的孩子，成年后面对关系的丧失才能够及时地将利比多转移到新的对象上，继续好好地生活。

所以，希望妈妈能洞悉自己内心的诉求，承受住孩子的哭闹，面对自己的脆弱。如果做不到，就寻求专业的心理帮助吧！这个不能分离，是妈妈自己需要尽快处理好的一个问题。

饮食问题

我们的一生都离不开食物。有人拒食，有人贪食；有人挑食，有人厌食；有人狼吞虎咽，有人含着饭半天不肯下咽；有的孩子很早就开始独立吃饭，有的孩子上小学了老人还追着喂饭……面对孩子的饮食问题，大人总是操碎了心。这些和饮食有关的问题背后到底有着怎样的心理动因呢？

6个月大的宝宝喜欢把东西放在嘴里咬

6个半月的宝宝，看见什么都要放在嘴里咬，有时东西太大咬不住，就急得不行。这就是传说中的口欲期吗？需要注意哪些问题？

这种情况就是婴幼儿心理发展中的口欲期。孩子在6个月时是通过嘴巴来认识和"品尝"世界的，父母只要把相关物品尽量洗干净，保证安全和卫生就好了。比如，不要给孩子过小的、容易吞下的东西。咬，不仅是口欲的满足，也是对世界的探索，同时也是婴儿释放攻击性的主要方式，有百利而无一害。而且婴儿的口水很多，可以很好地杀灭细菌，所以父母不用太过担心。

同时，6个月左右是孩子开始怕生的阶段，因为他们开始认识到我与非我的概念，知道了这个世界上还有除自己以外的事物，妈妈的乳房并不是只为他而存在的。这个时候，他就开始有了很多的恐惧，希望体验到更多的掌控感和全能感。所以，当孩子无法掌控一个不是自己身体的物品时，就会表现出急切的焦虑和愤怒，认为是外在的物品在故意为难自己。这个时候，父母不用做过多的干预，帮孩子把东西捡回来再递给他就是了。在一遍遍的重复中，孩子的焦虑和愤怒通过撕咬获得释放，同时也会获得充分的心理发展。孩子会体验到失去与找回的安全掌控感，有助于平息内心的焦虑和愤怒。

1岁多孩子想自己吃饭又弄得乱糟糟

> 我闺女14个月大了，她想自己吃饭，我也不喜欢喂她，但她自己抓饭总是弄得满地狼藉。比这更糟糕的是，她喜欢揉捏搓拽，各种糟蹋，每次我都要说无数遍"不吃别浪费"。我看她好像也能吃下去，可是一边玩一边吃，用餐习惯很不好，而且我也不知道她到底有没有吃饱。我该怎么办？

1岁多正好是孩子自主品性的养成阶段，这个阶段的孩子什么都想自己干，这是很好的事情。孩子在对食物进行各种揉捏搓拽的过程中，能够充分发展感官能力，这是一个非常重要的发展阶段，父母需要有所了解。

这个阶段的孩子自主性很强，但能力往往又跟不上意图，所以常常会制造很多的麻烦，引发大多数父母的阻止或包办。如果在这个阶段父母没能学会适应和跟随孩子的需求，那么孩子未来就会对自己的能力有很多的羞怯感，长大后常常不知道自己到底喜欢什么，也不太相信自己有资格和能力获得想要的东西。

另外，1岁多不是讲道理和培养规则的年龄，孩子不会懂得什么叫浪费，更不会懂得什么叫用餐习惯。至于是否吃饱的问题，那应该是父母最不需要担心的问题了，孩子自己会知道肚子是不是饿了。而且这个阶段会在一段时间之后自行过去的，妈妈只需要接纳自己的焦虑，做好清洁扫尾工作就是了。虽然很辛苦，但还是享受一下这个一辈子也许只有一次的机会吧。

3

3 岁孩子总觉得别人家的饭菜香

孩子快 3 岁了，吃饭还要人喂，边吃边玩，跑来跑去，就是不好好吃，还挑食，可去别人家就什么都吃，萝卜都是香的！

孩子的这种情况让我想到一句话："生活不只是眼前的苟且，还有诗和远方。"看上去，孩子在家里并没有感受到美好的被喂养的体验。挑食、不好好吃饭，意味着家里的母亲、母爱并不是孩子所喜欢和需要的，没有让孩子感受到舒服。这和妈妈在哺乳阶段的一些状况直接相关。比如，妈妈经常在哺乳时皱着眉头，情绪不好；或边哺乳边看手机，并不专注在孩子的身上；或者经常逼孩子吃一些有营养但孩子并不喜欢的辅食等，孩子就会比较抗拒家里的喂食体验。

另一方面，你的描述也体现了关于规则养成的问题。孩子 3 岁左右是建立规则的时间点，如果父母这个时候并没有明确清晰的规则，那么孩子是很容易突破规则的，比如吃饭跑来跑去、不吃就追着喂饭等，这些都是比较糟糕的行为表现。而父母在这个问题上始终没有明确的规范和原则，才会导致这样的情况。

孩子到了别人家，别人的父母是社会道德面的象征，孩子内心是惧怕这个部分的，所以才会表现出相应的顺服和遵守规则。所以，从好的方面说，是孩子有比较好的适应性，有一个不错的公众自我的面具，能够适应相应的社会规则；从坏的方面说，父母失败的养育方式让孩子失去了对于基本生活习惯的养成机会。

还有一个更深层的因素是，孩子在潜意识中满足了家里的父母或老人要去喂养孩子的需要，让喂养者通过这样的方式来体验到自己的价值感。就像很多父母常常抱怨的：为了你我怎样怎样，你几岁了还要我追着喂饭，我累死了。如果是这样，就需要父母自己去觉察和改变了。

4 岁孩子还要不要给安抚奶嘴

女儿快 4 岁了，没有母乳喂养。在她 1 岁时给她用了安抚奶嘴，现在想让她戒掉，她哭闹不安。我们在她小时候给她买了一个枕头，她很喜欢，只是现在那枕头烂得不成样子，给她买了个类似的，她却不接受。这种情况，是不是我们家长没有给她足够的安全感？该如何引导？

问题中提到的安抚奶嘴、枕头，其实都是孩子的过渡性客体，充当的是一个环境母亲的角色。

对于孩子来说，他一般有两个母亲：一个是饿了时喂养自己的客体母亲；另一个是独处时体验到的环境母亲。环境母亲就是孩子在客体母亲缺席时，无法承受内心的焦虑，自己发展出来的替代性客体，环境母亲的主要作用就在于缓解内心的焦虑，陪伴孩子的自体成长。每个孩子基本上在成长的过程中都会拥有自己独有的过渡性客体，可能是一个玩具、一种味道、一个仪式性动作，甚至是一种声音，比如妈妈的头发、枕头、被子角、娃娃等，无奇不有。

理论上，是非常不建议妈妈私下改变或拿走孩子的过渡性客体的，哪怕有些玩具确实需要清洗了，也不太建议妈妈去清洗。因为当孩子发现熟悉的味道没有了，他是非常不能接受的，就好像妈妈又不在了。所以，即便那个玩具破得不行了，也不建议父母扔掉它，要让孩子自己去处理和安置这个玩具。这是一个非常有心理意义的过程，常常意味着孩子在用自己的方式来处理客体的衰败和丧失，是孩子未来面对父母的离开、死亡等事件的重要心理基础。

过渡性客体存在的原因，是孩子内心还没有完全内化进来一个稳定的好妈妈。因为妈妈一定会有各种主客观的因素，比如情绪不稳定、上班、出差等，导致孩子没法及时、完整地把好妈妈内化进来。

所以，只要没有大的影响，不建议妈妈主动去干预或戒断孩子的过渡性行为，更不要试图用其他东西来替代这个过渡性客体。等到孩子内心内化了一个足够稳定的妈妈时，她自然就不需要了。即便她因为习惯一直保留着那个行为，那也无所谓啊！很多大人总喜欢点根烟，或拿个核桃在手里把玩，都是同样的心理动机。真想有所改变，那就好好地与孩子建立更多的连接和亲密感，让孩子降低对这个过渡性客体的需求程度，这可能是唯一的、健康又可行的方法。

5

6 岁孩子吃饭不专心

> 6岁小朋友不能认真独立吃饭，正常吗？一是饭前经常吃零食，吃饭时经常需要佐食饮料；二是一坐上餐桌就要求喝水，不专心吃饭，总要求大人帮助，或者提一些要求；三是吃饭时过分关注大人的谈话，总是走神。面对这些情况，家长该如何处理？

6岁的小朋友马上就要上一年级了，不知道孩子在幼儿园里表现如何，也是需要老师帮助和服务吗？如果不是，那么毫无疑问是家里有一个想要为孩子服务的家长。家里饭前的零食是谁提供的呢？也是大人嘛。需要大人喂饭？还是帮忙拿筷子递水之类的？如果需要大人喂才能吃完饭，那么就是大人的问题了。确切地说，是大人自己hold不住，看不惯孩子慢，或者害怕孩子有一天不需要自己了，这样的老人很多家庭都有。

幼儿园时期是孩子规则意识的形成阶段，也是孩子社会化发展的重要阶段。一般来说，只要家长没有很糟糕地反着做，幼儿园老师都可以通过集体活动的方式，帮助孩子形成规则意识。至于孩子饭前吃零食、喝水、喝饮料等习惯，我个人倒是不太介意。当然，一些很关注孩子饮食健康的家长可能会有芥蒂，那是家长的个人喜好和价值选择，在此不做评价。

至于孩子进食时不专注、经常边吃边玩的情况，主要和早期父母对孩子吃饭习惯的养成关注有关。有些家长在孩子最初独立吃饭时会有非常多的细节提醒——要坐好，不能掉饭粒，不能这样，不能那样……这些频繁的关注和提醒反而会导致孩子在吃饭这件事情上没法专注。

另一方面，孩子进食时不专注也和家庭成员的吃饭习惯有关。有些家长吃饭时经常聊天、看电视、看手机，那么，孩子是很容易习得这些习惯的。孩子吃饭时经常关注大人说话的内容，说明大人就是经常在吃饭时聊天啊，孩子怎么可能一个人傻傻地坐在那里专心吃饭呢？如果真是那样，我想你们反而需要担心孩子的这种自我隔离和冷漠。

另外，你提到"吃饭时过分关注大人的谈话，总是走神"，这一点我很好奇：孩子是怎样走神的？是听着大人说话就走神了？如果是这样，可能是大人的聊天内容很无趣，也可能是孩子将大人的聊天内容延伸到了和自己有关的事情上，陷入了自己的想法中。再往深层次分析，可能是孩子非常希望获得大人的评价，希望走入大人的世界，或者过于害怕被大人批评和惩罚。至于神游，一般是痛苦的解离或者注意力不集中的反映，可重可轻，这点还是需要具体观察和分析。

孩子进食时不专注，跟父母早年对孩子吃饭习惯的培养有关。有些父母在孩子吃饭时会有非常多的细节提醒——要坐好、不能掉饭粒、不能这样、不能那样……这些频繁的关注和提醒反而导致孩子在吃饭这件事上没法专注。

躲猫猫的游戏可以检验孩子可以离开母亲多久，这意味着孩子在心理上能独立多久。这个阶段的孩子在和小朋友玩的时候，会玩一会儿就要去看看母亲在不在，再玩一会儿，再看看母亲在不在，这是孩子心理成长和个体化的一个过程。

6

7 岁孩子饭菜含在嘴里不咽

　　7 岁男孩不爱吃饭，吃饭时总是一边玩一边吃，一顿饭可以吃一个多小时。有时嘴里含着东西不咽，甚至会往嘴里塞很多东西，然后咀嚼不了，还会犯恶心，每次吃饭都要严厉督促。这是什么原因呢？是缺爱吗？

　　根据你的描述，孩子的人格状态呈现出明显的后口欲期问题。0 ～ 1 岁是孩子性心理发展的第一个时期——口欲期，这一时期又可以分为前口欲期和后口欲期两个阶段。前口欲期的主要行为表现就是吞噬、贪婪地摄入，比如孩子拼命地吸奶、贪婪地吞进去。后口欲期的主要行为表现就是将食物吃进嘴里后的行为，也就是摄入食物后如何处理的问题。一般会出现四种情况：吃进去直接就吐出来；咀嚼后再吐出来；将食物长时间含在嘴里不吐也不咽；咀嚼后吞下去，消化后排泄出来。

孩子想要吃很多，却含在嘴里不肯咽下去，最后恶心得吐出来，这种行为意味着孩子内心对食物有很强烈的匮乏感，但父母给的食物却不是孩子想要的。寓意就是孩子缺乏母爱，想要拼命摄入更多，但母亲给予的母爱又不是孩子心里真正想要的母爱。所以，孩子一旦摄入这个母爱，就会感觉不对劲，因为他并不是真的想把它摄入身体里，就会不吐也不咽地犹豫着。这样的孩子成人以后做事情会给人一种特别晕的感觉，你交代给他的事情，不知道他到底听懂了没有。他好像听懂了，又好像没听懂，你说什么他都说是，却没法给你一个清晰的结果。

造成这种问题的心理学原因往往是母爱的匮乏和不理解，这样的母亲往往处于一种没有太多情感理解和回应能力的状态，或者是一种过于焦虑、急于满足孩子的状态，从而会迫不及待或心不在焉地喂养孩子，无法及时、深刻地理解孩子的情感变化。

所以，现在孩子7岁了才来解决这个问题是有一些困难的，需要妈妈更多地发自内心地去爱孩子，孩子的内在体验才会有所改变。

7

9 岁女孩拼命让自己吃胖

女儿 9 岁，体重指数 19.2，告诉她肥胖不好，漂亮的衣服都买不到了，可她还是觉得胖了很好玩，说自己也不胖，要吃成猪一样胖。孩子还不爱吃蔬菜，无肉不欢，遇见喜欢吃的东西就使劲吃，拼命吃，吃到实在吃不下为止。我该怎么办？

你好，9 岁的女孩应该处于一个非常在意自我形象的阶段，正常来说，孩子会非常"臭美"，喜欢打扮自己。你说的情况可以从三个方面来理解和分析。

一是关于暴食的问题。孩子如果一直都是喜欢吃，甚至吃到吐，基本是因为孩子早年的匮乏感导致的，即在哺乳期时，孩子可能经常无法得到充分的喂养满足，导致孩子对食物充满了匮乏感和恐惧感，形成一种自我暗示——我需要不断地吃，才能保证不会挨饿。这样的孩子是无视现实的富足的，他们内心的匮乏感也不是食物能够填补的。同时，孩子吃饱之后的满足，是一种接近空的状态，这种状态也往往是这样的孩子无法容忍的，所以，孩子才需要继续用食物去填补这个空。

这一现象往往说明孩子在早年的喂养中与妈妈没有太多的情感连接。建议妈妈从根本上弥补对她的爱，同时，给予一些意识化的引导，让她知道她一定不会缺乏食物，她想吃的话随时都可以被满足。通过不断的意识强化，和对孩子真正的情感关怀，孩子的内在情感是可以得到满足的，从而停止这种进食行为。

二是关于自我形象的问题。孩子希望像猪一样胖，很可爱很好玩，这意味着孩子内心是有一个自己的认同对象的，有可能是动画片中的形象，但看上去孩子并不是很自卑，这一点还是很重要的。所以，父母要做的并不是通过打击她的自我形象来试图让她改变，这样的做法往往不会有好的效果，有时候甚至会起到反作用。建议父母可以通过绘本故事或其他自我意象的游戏，让孩子逐渐改变自我意象，从而改变审美偏好。

三是关于父母关系的问题。孩子父亲对孩子的女性身份的表达是怎样的？孩子小的时候是否喜欢父亲？父亲是否特别欣赏孩子胖胖的、可爱的样子？因为9岁是儿童性别意识觉醒的时期，孩子潜意识中会有非常强的两性竞争的概念。孩子特意让自己保持胖胖的状态，一方面，也许是潜意识中希望保持小时候被父亲喜欢的儿童态，不想让自己失去被喜欢的优势；另一方面，也很可能是感受到母亲的竞争力与压力，而试图通过保持不被喜欢的、胖的状态不让自己进入与母亲竞争父亲的成人状态。这些都是非常有可能的。建议父母调整好夫妻关系，保持夫妻恩爱，同时，妈妈对孩子要有更多的亲近，像朋友一样去倾听孩子的心事，孩子会自然而然地认同母亲、依恋父亲，放松地发展自己的女性魅力，而不会有太多的担心。

8

不喜欢的菜，孩子一口不吃

孩子对食物很挑剔，不喜欢吃的菜一口都不吃，光吃一碗米饭当晚饭。有时候孩子半夜饿醒，虽然家里有面包、饼干、蛋糕等可以充饥的食物，但还是会自己在厨房煎鸡蛋做三明治。我做的饭菜被嫌弃，内心深受打击，她爸爸也曾嫌弃过我做的饭，看着孩子半夜自己做吃的我又感到自责。

首先，从现实的角度来说，我们大人好像也是这样，有很多不喜欢的食物。只是大人有选择权，可以选择自己喜欢吃的东西，而孩子却没有。所以，如果孩子并不是拒绝所有的食物，而是有自己喜欢吃的东西，那应该不是什么问题——需要处理的是母亲对自己提供的食物被拒绝的受伤心理。

另外，从食物的心理学意义上说，食物经常象征着母爱，人们对待食物的态度，往往是他对待母爱的潜意识态度，所以会有厌食症、贪食症、暴食症、习惯性呕吐等各种有关食物的心理学症状，这些都表明了孩子将食物与母爱相关联的内心体验。孩子生命初期的内心体验，是形成孩子性格的重要基础。孩子如果对母亲提供的食物总是拒绝，可能是在孩子生命早期时母亲给了孩子很多侵入性的喂养体验，比如，在他不饿时过度喂养，将乳头强行塞入孩子嘴里，等等。

不过，你家孩子对待食物的态度很有意思，她会自己去做喜欢的饭菜，一方面说明孩子对爱确实有着很高的标准，不能将就；另一方面，可能也说明她在内心对你有一些情感冲突。另外，青春期的孩子在成为自己的问题上是需要体验到很多的自我效能感的，孩子能自己动手做喜欢的东西吃，是很值得我们欣慰的。或许还有一种可能，她也想证明她能够独立照顾自己，同时希望获得你的肯定与赞扬。如果是这样，下次你可以邀请孩子一起做饭，为她打下手，或者邀请她为你打下手，这样可以很好地促进你们之间的感情。

同时，我也感受到你将先生曾经不接受你做的食物的挫折心态投射给了孩子，某种程度上，这也许是对你的女性身份认同的一个打击，你需要从另一个角度去正视自己内心的情感失落。要知道有很多女人一辈子都不会做饭，但她们可以让自己的价值在很多地方得以体现，希望你不要因为这一个方面的缺失而过于自责。

9

孩子喝饮料总把吸管咬坏

孩子每次喝饮料时都会无意识地把吸管咬得扁扁的，直到饮料都吸不上来的那种程度，是不是反映了某种心理问题？

吸吮，是孩子最早的口欲行为，是与母亲的哺乳体验直接相关的。从心理学意义上说，用吸管喝饮料就像是对妈妈乳房的吸吮，象征着对依赖和照顾的需求。

孩子在吸吮饮料过程中无意识的撕咬行为，就像很多孩子吸奶时会拼命地咬妈妈的乳房一样，往往意味着孩子内心的贪婪攫取的攻击性和对喂养者愤怒的表达。这种愤怒的攻击性往往来自养育者对孩子需求有意无意的忽视，比如让孩子过长时间地等待，引发孩子对喂养者的愤怒。或者一些主客观因素，比如妈妈患乳腺炎导致孩子怎么都吸不出奶来；妈妈哺乳时心不在焉，没有正确及时地调整位置，导致孩子进食不舒服；妈妈哺乳时情绪不佳，没有耐心陪孩子进行喂食的互动游戏；或者奶瓶的吸入口太小，孩子吸不出来；等等。这些因素都可能导致孩子在吸吮过程中感受到过多的挫折感，很可能会固着一些口欲方面的攻击行为，比如撕咬的动作，长大后喜欢唠叨、吵架等语言层面的攻击行为。

大小便问题

孩子对于大小便总有止不住的好奇心和复杂心情，有的孩子从来不在幼儿园大便，有的孩子总是忍不住把大小便拉在裤子上。什么时候可以训练孩子独立大小便？父母又该怎样看待孩子的大小便？与大小便相关的行为到底有着怎样的心理动因呢？

3岁女孩还是会尿床

3岁小女孩为什么隔段时间就尿裤子？事实上，她自己会上厕所的，有时我就会很生气、很无奈，也很心烦，不知怎么回事。孩子再有两个月就要上幼儿园了，能不能彻底不尿裤子？

一般来说，3岁孩子的括约肌还没有发育完全，很多孩子都会出现大小便偶尔失控的情况，大人在这个时期开始对孩子进行大小便训练是非常有必要的，因为它能够让孩子形成边界感，这一点非常重要。但这个过程不需要太过焦虑，因为你的焦虑和愤怒会加剧孩子的反抗，反而会让她不断地用尿床来进行无意识的对抗。最重要的是，还会加重孩子对自己无法控制事情的羞耻感。孩子会觉得尿床是一件很丢人的事情，从而会加重她的控制欲，这样反而会导致失控。

请记住，孩子控制大小便是一件自然而然的事情，当孩子的生理发育正常完成后，大小便的控制就会水到渠成，大人无须干预强求。很多孩子到了七八岁还会偶尔尿床。至于孩子上幼儿园的问题，老师都会有这方面的心理准备的，因为这个年龄段的孩子偶尔尿床实在是太正常不过了，特别是当孩子玩得太高兴、意识放松下来时，大小便更容易失控。

其实，父母最需要注意和学习的，是调整好自己的情绪和心态，放轻松，不要过分紧张。毕竟，以前的父母担心孩子尿床更多是因为那时没有纸尿裤，也没有洗衣机和烘干机，孩子尿床了会给大人带来很多麻烦，而现在这个问题完全不存在了，大人没有必要过度焦虑和担心。

2

3岁男孩突然不停地尿裤子

我家孩子3岁，是个男孩。一天中午，孩子在早教中心和小朋友玩嗨了，我叫他去吃饭都不肯。折腾半个小时后，我生气了，表示我要去吃饭了，让他先在这里玩，我吃完了再过来看他（爸爸在这里）。后来，我又等了10分钟再劝他，他就叫我赶紧走，我就真的去吃饭了。大概20分钟后，我们再汇合时，孩子就问我为什么去了很久。当时，他看起来很平静，后来也很正常，但我知道他可能有点害怕我离开。那之后他突然开始无法控制地尿裤子，连续尿湿三次。我频繁地问他是不是想去厕所，他都说不去，但马上又尿裤子了。我怀疑这种状况是不是跟之前我的离开吓到他了有关系。傍晚，我试着问他，我中午离开去吃饭，他是不是很害怕。他说，嗯，他很生气。但他有点不愿意多谈，自己去看动画片了。如果尿裤子与这件事有关，我应该怎样抚平孩子的创伤？或者他需要多久才能恢复正常？

孩子的尿床一般有以下几个方面的动力性表达。

1.代表对现实控制感的夺回。如果孩子在生活中被过多控制，不被允许自己做主，总是被动地接受，那么他可以控制的就只有自己的大小便，他想什么时候尿就什么时候尿，他不去尿就可以不尿，大人拿他没办法，也就是说，孩子通过尿床的方式来宣誓自主权。

2.代表对失去的关注的渴望。孩子如果无法在现实中获得父母的关注，他可能会通过尿床来获得。因为他尿床了，父母就会给予他婴儿般的关注，替他换尿布、换裤子是一种纯粹的、全然的照顾。

3.代表愤怒的攻击性表达。在孩子的幻想世界中，尿液、大便等都是具有魔力的攻击性武器，就像在一些电影中成人会用尿去浇那些被自己打败的人一样，尿液在孩子潜意识中的意义和大人是一样的，就是用尿来浇死你、淹死你，以示攻击。有些孩子在白天玩火后，晚上就容易尿床，因为放火这种攻击性形式引发了孩子潜意识中的攻击性，通过尿床的方式不被约束地充分释放了出来。

4.代表划地盘宣誓主权的行为。就像很多动物占据地盘的原始方式一样，孩子也会通过尿尿的方式来标明自己的地盘。所以，现实中孩子如果感觉到被别的小朋友侵犯，又拿他们没有办法，有时就会出现这样的行为。

5. 代表一定的性的意味，特别是女孩。很多妈妈给孩子把尿时，会端着孩子，将孩子的生殖器暴露在他人面前，这个姿势对孩子来说是非常不好的，会让她感觉到一定的羞耻感，形成对尿尿的紧张感而导致失控。

从你表述的情况来看，孩子的尿裤子行为可能跟控制感的获得和愤怒的攻击性表达有关，后者的可能性相对更大一些吧。作为妈妈，你只需要接纳孩子的愤怒，看到他的恐惧和焦虑，不要去责怪他尿床，同时等待和允许孩子自己做一些内在的情绪处理，帮助孩子将情绪用语言表达出来，这已经是非常棒的处理了。相信通过这样的互动，孩子的自我功能会慢慢得到增强的。

不过，从你的描述来看，孩子已经3岁了，按照儿童心理发展规律，孩子和妈妈的分离应该初步完成了，但妈妈只离开了20分钟，孩子就出现了这么强烈的分离反应，这显然是存在问题的。妈妈需要进一步完成与孩子的分离，并且需要父亲更多地介入，将孩子带离妈妈的身边。同时，也需要妈妈有稳定的情绪，让孩子能够顺利地将妈妈内化进自己的心里，帮助孩子完成分离。

3

上大班的孩子又开始尿床

大班下学期的 6 岁男孩，看了绘本《尤利尿裤子》后，在幼儿园午睡时两次尿床。我猜测有部分是模仿的原因，但仔细回忆的话，近期孩子每个月都会有一两次早晨有很少量的遗尿（不会尿湿的那种）。孩子尿床还会有其他的原因吗？他上小班、中班的时候都没有尿床，为什么到了大班反而会尿床呢？

我特意去看了你说的绘本，我想孩子因为模仿尤利而尿床的可能性应该不大，毕竟那个绘本是用来解决孩子因为害怕而憋尿导致尿床的问题的。

你提到孩子小班、中班都没有尿床，说明在生理发展方面孩子目前的自我控制功能是没有问题的，那么，为什么孩子越来越大，却会出现尿床的行为呢？

一方面，孩子在过度兴奋时会导致意识放松而让潜意识掌控自己，这种情况下，孩子尿床是比较正常的。

另一方面，生活中的一些压力事件也会导致孩子退行，退到生命早期某个安全的时刻，这时孩子就会出现一些早年的幼稚行为，比如尿床、异常黏妈妈等。所以，建议从这个方面去寻找相关的证据和可能的因素。可以通过和孩子玩一些潜意识的投射游戏或角色扮演游戏来试探、摸索出真相。总之，最关键的是不要去责备孩子的尿床行为，相信孩子终究会通过自己的努力安全度过"尿床期"的。

4

6 岁男孩总是憋大便

6 岁半男孩，最近半年一直都是 3 天多排便一次，严重时 5～6 天才排一次。让人费解的是，他有憋便倾向，经常等到最后一秒才去厕所，有时甚至会弄脏内裤。孩子之前并没有出现过这样的情况，应该如何看待这个问题并引导呢？在这期间，孩子也没有减少蔬菜水果的摄入量，是否有什么心理原因呢？

大便基本上是第一个属于孩子自己创造出来的神奇产物，所以它被孩子无意识地赋予了极大的意义。在孩子的成长过程中，大便有以下几方面的重要心理意义。

1. 对自身创造之物感到价值感。父母在早年对待孩子的大便的态度，可以在很大程度上让孩子感受到自己未来的创造性和价值感。孩子大便时，如果父母是欣然接纳，很开心地看到孩子的大便颜色是非常健康的，愉悦地为孩子更换尿布、清洗，那么孩子会对此形成极高的愉悦感，认为自己能够给出让父母满意的东西，进而认为自己是有价值的。相反，如果父母对孩子的大便各种嫌弃，嫌脏嫌臭，那么孩子就会觉得自己的身体是一个肮脏的存在，是一个会令父母感受到嫌弃的存在。

2.在1～3岁的肛欲期，孩子的性愉悦来自大小便释放的快感，孩子开始感受到肛门括约肌收缩带来的快感，这个愉悦感会导致孩子本能地固着体验。在这个阶段，如果孩子的大小便行为被父母过多地干预和控制，会导致孩子心理和人格发展的停滞与固着，形成肛欲期人格特质。这一人格特质的主要表现就是强迫性，包括常见的洁癖，以及其他和控制与失控、大方与小气、节约与浪费等有关的行为特征。

3.孩子在肛欲期阶段会无意识地赋予尿液和大便以攻击者的身份，他们会认为自己的大小便具有神奇的攻击力。当父母令自己失望时，孩子会在幻想层面利用大小便对父母进行攻击，因此，孩子同样也认为父母会在潜意识中对自己进行报复，于是在内射心理机制的作用下，孩子会把现实中那个攻击的父母分裂为坏的父母，将其内射到自己的身体里，试图加以控制和处理，而这个坏父母在体内的存在就被视为那个攻击者身份的大小便。

所以，当父母过于强大、过于严厉时，孩子对强势的父母是无力反击的，就会在无意识中努力通过将其内摄进自己的体内进行控制，让其留在体内，以便将其控制住，这就是很多孩子憋尿憋便、很多天不大便的心理意义。

当然，从生理层面看，几天不大便也可能和蔬菜水果的摄入有关系，但当饮食方面不存在什么问题时，孩子不正常的排便习惯往往和攻击性的客体有直接关系。当然，很多时候，因为是孩子幻想世界的感受，所以往往与现实世界中的父母是否那么严厉没有直接明显的关联。很多父母觉得自己并不严厉，但孩子依然有可能在内在世界中将父母魔鬼化，这种情况也是很常见的。同时，除了父母，学校严厉的老师、教学的严苛要求等都会成为孩子恐惧的幻想对象。

另一方面，也不排除第二点原因，孩子是在体验憋尿憋大便带来的肛欲性快感。当然，孩子6岁了才出现这个行为，说明孩子的发展是有些固着在3岁左右的阶段。3岁左右进行大小便训练时，因为这个原因出现憋尿憋便的症状还是比较正常的。

此外，孩子弄脏了内裤，妈妈需要给孩子换洗，这也有可能是孩子在间接地表达对妈妈关注的渴望。如果是这个原因，那么可能在很早的时候，孩子就出现过通过尿床渴望得到关注的行为。总之，孩子憋便的原因有多种，需要父母及时注意和澄清具体的原因，加以改进。

睡眠问题

睡眠是我们的生命每日得以更新的重要一环，也是我们天生就有的本能，但每个孩子在睡眠方面的表现却各不相同，有的孩子躺下就能睡着，有的孩子兴奋很久还不能入睡，有的孩子睡觉前一定得干点什么，否则怎么也睡不着，有的孩子总是突然哭醒或被噩梦惊醒……这些行为背后有着怎样的心理动因呢？

1

4 个月的宝宝有奶睡习惯

宝宝快 4 个月了，不小心养成了抱睡、奶睡的习惯，搞得大人非常疲惫。现在正帮他纠正，但每天都要搞得他大哭一场。这种强行帮助孩子戒掉抱睡、奶睡的方式对孩子的心理和母子之间的连接会造成什么影响吗？

2 ~ 6 个月的孩子还处于共生期的状态，也就是没有你我概念，你就是我，我就是你，世界与我是一体的，所有的东西都是为了我而存在的。当然，妈妈的乳房也不例外。确切地说，妈妈就是乳房，乳房就是妈妈。这个时期的孩子还没有整体的概念，都是以局部当整体，毕竟他们还没有学会转动自己的头，视觉也是非常有限的，孩子与妈妈是完全共生融合的状态。

所以，这个阶段的孩子正是需要无条件满足的阶段，让孩子有充分的体验，认为自己是可以被照顾的，这个世界是值得信任的，我是值得被爱的，是孩子建立对外界的信任与安全感的重要发展阶段。如果这个阶段经常被拒绝，孩子的内心很可能会有极大的失望与愤怒，同时也会对妈妈有很强烈的攻击性。同时，孩子会因为这个攻击性而产生强烈的迫害焦虑，会担心妈妈因为自己的攻击性而报复自己，长大后，孩子的内心往往也会有比较强烈的匮乏感和无价值感，对外在世界和他人持有强烈的不信任感。

所以，真心不建议妈妈过早拒绝孩子的乳房需求，虽然妈妈在这个阶段会非常辛苦，但我想这是值得付出的！等到孩子再大一些，准备好断奶和分离时，孩子的内在状况会好很多，他们慢慢会承受住暂时的不满足和乳房的消失。

2

不满 1 岁的宝宝经常做噩梦

1 岁以内的小孩子会不会做噩梦？孩子睡着的时候会突然大哭是怎么回事？给小孩讲故事，小孩记住故事中惊悚的情节会害怕怎么办？比如大灰狼吃人、恶毒的王后、丑陋的女巫等。

　　1 岁以内的孩子当然会做梦了。孩子常常会用睡觉的方式来防御自己感受到的难以消化的身体痛苦，而当孩子睡着时，这种痛苦的感受，比如不被照顾、被抛弃的死亡恐惧就会在梦里出现，很多孩子会因此而哭醒。孩子是不是经常做噩梦，其实也是衡量他当下心理状态是否良好的间接的判断依据。如果经常做噩梦，说明孩子感受到的现实养育环境不够好，会令孩子有很多的恐惧体验，这是非常需要父母去注意并改善的。

另外，梦是潜意识的呈现，也是自我免于破碎的保护工具，是情绪得以宣泄的途径，孩子能够在梦中释放这些恐惧，是让他内在自我免于破碎的一种保护机制。

孩子对童话故事中恐怖角色的感受，跟我们成人看恐怖电影是一样的，可以帮助我们将内心体验到的对于客体的恐惧和害怕，置换并投射到外在的角色和情境里，吃人的大灰狼、恶毒的王后、丑陋的女巫，其实都是孩子内在的坏客体与自体的投射和象征性表达。所以，孩子和成人往往是一样的，都是一边很害怕一边又很想看那些恐怖的故事和电影，这种体验对于孩子的心理发展也是有一定帮助的。

不过，父母也要充分考虑孩子的年龄和实际的心理状况，评估孩子能不能承受得了那么严重的刺激。孩子如果因为故事或影视剧中的某个画面变得特别害怕，父母可以考虑帮助孩子以绘画游戏或角色扮演游戏的方式把那个恐怖的东西表现出来，让孩子将其视觉化，并在轻松的游戏中将之转换为快乐的连接，这样就可以很有效地帮助孩子抵抗恐惧。

3

孩子晚上睡觉哭得很伤心

我家宝宝1岁了，晚上七八点钟就睡觉了，我会忙自己的事到11点多，这中间她会醒好几次，有时候就闭着眼睛哭，哭得特别伤心，抱着她也哭，不知道是做噩梦了还是怎么了，后半夜这种情况就很少了。我准备跟宝宝分床睡，分床后宝宝会不会好些？

1岁的孩子睡觉总醒，或者总是在睡觉时闭着眼睛哭得很伤心，说明孩子内在体验到了强烈的担忧，害怕客体的丧失，发展到了我们所说的抑郁心理位置。很可能是因为在前一个发展阶段，孩子因为父母的忽视而体验到了非常多的愤怒和攻击性，随着孩子心理的发展，当孩子识别出了自己攻击的对象正是自己所爱的妈妈时，她会在潜意识中担心妈妈被自己的攻击性伤害和摧毁，担忧妈妈的健康，从而进入悲伤的抑郁心理位置。

而所有这些都是孩子的内在幻想世界里发生的心理活动。孩子感受到的不安全感，被忽视、不被照顾或被抛弃的悲伤感等，基本都是孩子对内心建构的父母的想象，它往往与现实中的父母并不一致。也就是说，现实中父母也许觉得自己在无微不至地照顾宝宝，是很爱宝宝的，但再仔细、负责任的妈妈，也难免会有忽略孩子需求的时候。这时，一些先天比较敏感的孩子就会感受到非常强烈的情绪体验，哪怕只是一分钟的耽搁，也可能让孩子感受到湮灭性的灾难体验。当然，有些妈妈在怀孕的时候就经常因为各种现实问题想要拿掉孩子，或者在孩子出生后因为夫妻关系不好而导致妈妈在抚养孩子时情绪非常不好等，这些因素都可能导致孩子内心有强烈的不安、悲伤和恐惧。所以，孩子内在的想象客体的基础还是离不开现实客体的。

　　因此，对于还无法用语言表达情绪的孩子，父母要做的就是当孩子有悲伤的情绪时，平静地接纳孩子投射过来的悲伤，然后用温暖的方式，比如安抚、哺育、抱抱等各种令孩子感受到安全的方式去容纳和消化孩子的情绪，让孩子感觉到妈妈一直都稳定地存在。这样，孩子就能顺利地将内心那些莫名的情绪投射出去并被妈妈处理掉，从而留下一个越来越感觉安全的客体印象。

　　鉴于此，这个年龄段的孩子晚上睡觉如果出现这样的情况，不建议马上与孩子分床睡，毕竟孩子的悲伤并不是因为没有分床而导致的。虽然我们理论上会认为孩子越早分床，越容易完成与父母的共生性分离，但当孩子已经出现上述状况，我会建议您在当下给予孩子更多的安抚，而不是让孩子去体验分床后那种无边的、没有任何回应的恐惧，那样只会增加孩子的恐惧，可能会让孩子变得越来越敏感和脆弱。

4

2 岁孩子喜欢拽妈妈的手链睡觉

2 岁男宝，总是喜欢拽妈妈的手链。哄他睡觉的时候，他就开始在我的手臂上找手链，找到就拽着不松手，甚至睡觉的时候也要拽着或拿着手链才肯睡。这是什么心理？

在这个案例中，妈妈的手链就是我们所说的"过渡性客体"，是孩子内心用来抵御与妈妈分离所带来的分离焦虑的替代性工具。当孩子在心中还没有完全内化出一个稳定的好妈妈，又不得不面对妈妈的离开和忽视时，过渡性客体会起到安抚作用。过渡性客体是随机形成的，它可能是一个洋娃娃，可能是一个仪式性的动作，也可能是妈妈的头发，或是一条脏兮兮的毯子，任何东西都有可能。

作为妈妈，需要透过孩子的这个行为了解到，孩子正在经历因独立的需要随之而来的与妈妈分离所带来的焦虑。那么，为了给孩子适度的心理满足，尊重孩子对过渡性客体的需要，妈妈可以把链子拿下来送给宝宝睡觉用，帮助他完成分离。

值得注意的是，很多妈妈会忽视这个过渡性客体对于孩子的重要性，有时会把孩子的过渡性客体弄丢、洗干净、缝缝补补改变形状等，这些行为往往导致孩子感觉到自己内心中那个客体的丧失，给他带来不安全感和焦虑感，切记!

所谓的怕生，其实是将内心中的坏妈妈分裂出去，对外做出的一个投射动作。孩子越怕生，说明内心坏妈妈的成分越多。所以，想让孩子不怕生，那就做一个好妈妈，让孩子内在坏妈妈的成分少一些，孩子就不需要那么多的投射了。

玩具，在孩子那里具有非常丰富的心理意义。从 6 个月开始，孩子就学会了把玩具扔出去，并能从中领悟到我与非我的概念，知道了这个世界还存在一个我之外的东西，于是有了自我边界。两三岁的时候，玩具就成了孩子的过渡性客体，变成了妈妈不在时精神的替代。

5

4 岁女儿突然要求和爸妈睡

女儿 4 岁半，3 岁前都是奶奶陪着睡，快 4 岁的时候突然要和爸爸妈妈睡了，而且妈妈在的时候再也不肯和奶奶睡。这是孩子的成长吗？女儿这种养育背景是否意味着孩子的早年依恋是建立在奶奶身上？如果以后奶奶回老家不再住一起，是否会对孩子有负面心理影响？

孩子 3 岁前虽然是和奶奶睡，但如果哺乳一直都是妈妈在做的，且妈妈也一直都是在场的，那么孩子的第一依恋对象很可能就是妈妈而不一定是奶奶，这个从孩子要你而不要奶奶陪睡也能看得出来。

孩子 4 岁多了突然要和妈妈睡，一方面可能是孩子最近因为某些客观的因素，感受到了要与妈妈分离的焦虑，比如，孩子在幼儿园可能学习了与分离有关的内容或游戏，触发了孩子内心对于分离的担忧，引发孩子暂时的退行需求，孩子会想要重新回到妈妈的怀抱，获得婴儿时被抱持的体验。这个时候，妈妈补偿性满足一下孩子的退行性需求是有必要的。

另外的可能性是孩子两性竞争意识的发展。孩子四岁多，正是性幻想丰富的年龄段，女孩子感受到了对父亲的需求和喜爱，会在内心中幻想自己正在和母亲争夺父亲，由此引发母亲会惩罚自己的潜意识担忧。于是，孩子会产生一些补偿性的想要靠近母亲的行为，来平息内心对母亲产生的愧疚。因此，孩子会很希望和妈妈保持好的关系。

当然，另一方面，为了间接地赢得父亲，孩子通过介入你和父亲的关系，打断你们在一起的行为，通过同睡一张床来监视父母亲的亲密行为，这也是一种潜意识的两性竞争行为的表现。不知道孩子是否表现出了明显的想要和父亲在一起的行为，比如说要嫁给爸爸、让妈妈做外婆等。如果是这个原因，就不建议满足孩子的同睡需要了。相反，父母要更加注意保持亲密的状态，让小女孩无意识地感觉到自己的欲望受挫，从而将对父亲的依恋、对母亲的认同转向对同龄人的兴趣和学习的升华中。

否则，这种状态下和父母同睡，反而会极大地增加她的内心冲突，引发更复杂的乱伦焦虑与迫害焦虑，从而导致小时候不怕黑、长大了反而非常怕黑怕鬼、怕各种虫子、睡觉经常做噩梦吓醒等现象。因为黑暗中、梦里的那些可怕元素，基本都是内心道德惩罚者的象征和幻化。俗话说：不做亏心事，不怕鬼敲门。孩子的怕，正是因为他们在内在幻想世界里做了很多道德层面所不允许的坏事，导致对惩罚的焦虑。这个可以参考古希腊神话中俄狄浦斯的故事。这个故事具有非常丰富的孩子直接与同性父母竞争的相关意象。弗洛伊德因此将儿童的性器期命名为"俄狄浦斯期"。

至于孩子具体是因为什么，则需要妈妈通过观察孩子最近的行为变化来做出具体的判断。此外，关于奶奶在孩子 4 岁以后要回老家的问题，只要妈妈还是继续存在的，那么，奶奶的离开对孩子是不会有太明显的负面作用的，这一点妈妈是不用太担心的。

6

孩子总是不肯入睡

孩子 4 岁半，以前晚上 9 点上床聊一会儿就能睡，最近每天晚上都折腾到快 11 点还不肯睡，躺在床上还会自言自语，骂她打她都没用。我告诉她如果不想睡就自己玩，她说要睡，但躺在床上后又自言自语不肯睡。我问她这样做是不是不对，她淡淡地说是，还说妈妈对不起。

首先，我们理解一下不肯入睡对孩子的意义。睡觉，对孩子意味着周围世界的消失，也包括最爱的妈妈。所以，如果一个孩子不肯入睡，那基本上就意味着孩子的心中没有内化一个稳定的客体。比如，很多妈妈常常突然消失，或者长时间地消失，或者陪孩子的时候吼孩子，威胁说不要他了，说孩子是捡来的，等等。这个时候孩子就会觉得妈妈是不稳定的，是随时可能消失的，是不会一直在自己身边的。

这样的孩子就很可能出现各种睡眠问题。有些是不肯入睡，有些是睡着了总是突然爬起来，看看妈妈是不是还在，或者迷迷糊糊地想要摸摸妈妈的身体是不是还在。总之，他们需要不断地得到确认——妈妈是不会在自己睡着时偷偷离开自己的。

其次，再说自言自语对孩子成长的意义。自言自语是孩子形成语言和思维的重要方式，睡前的自言自语很可能是孩子的一个过渡性现象，是一种中间过渡状态，有点类似于有的孩子睡觉时需要抱着的娃娃。这些过渡性客体都是用来抵消妈妈消失带给孩子的焦虑，是用来替代妈妈这个实际性客体的，是孩子从现实世界去往象征世界的方式，也是人类很多创意的产生方式。一个孩子如果没有象征的能力，那么他永远都需要用实际的东西来满足自己，毫无想象力，而无法内化妈妈某句温暖的话语、某种熟悉的味道、某个亲切的声音等，无法完成分床和身体的分离，非得每天都看到妈妈、摸着妈妈的身体才能入睡。

所以，面对这种情况，妈妈的打骂实在是南辕北辙了，让孩子认错更是无厘头。难怪孩子会淡然地承认错误，她真的不知道自己错在哪里。你的这种行为是会越来越加剧孩子的分离焦虑的，也破坏了孩子用自己的方式处理焦虑的能力。建议妈妈什么都不要说，处理好自己担心孩子睡眠不够的焦虑，同时也处理好因为孩子不入睡影响了自己的睡眠和独处时间的愤怒，安静地陪着孩子自言自语，甚至多听听她自言自语的内容，不需要去回应什么，不去刺激孩子使她的大脑变得兴奋。孩子体验到足够的陪伴和允许后，自然会很快安静地入睡了。

此外，还建议妈妈经常和孩子玩躲猫猫的游戏，让孩子一遍遍地在妈妈"消失"后能够重新找到妈妈，这样会非常有助于孩子增强安全感，顺利完成分离。

7

孩子睡觉时经常被吓醒坐起来

儿子 4 岁 10 个月，上幼儿园中班。有好几个月了，每天睡到半夜，孩子会突然坐起来，我也马上跟着醒过来，叫他重新躺回床上继续睡。孩子还经常后半夜喊我开夜灯，开着灯睡才行。请问这种情况我要做些什么？他是不是害怕？

英国客体关系心理学家克莱因说，孩子是活在幻想世界里的。现实中的父母和孩子心目中的父母，很可能是两个完全不同的形象。孩子的意识非常接近潜意识，也还没有形成完善的自我防御功能，会经常将幻想的内容当成现实，对妖魔鬼怪非常恐惧，无法听信大人的理性解释。有些敏感的孩子对风吹草动都异常恐惧，表现为抽动症、梦魇、多梦、容易吓醒等。

所以，孩子在睡眠中被吓醒，一定是潜意识的幻想世界里发生了一些恐怖的事情，具体是什么，比较难猜测——电影里某个恐怖片段、父母的一次惩罚引发的被抛弃的恐惧、一个故事的桥段、幼儿园老师的严厉等都有可能。孩子会把现实中引起他恐惧的人和事映射成妖魔鬼怪，这是孩子潜意识象征化的表达方式。

3～4岁的孩子很多恐惧来源于无意识中与妈妈的亲近，害怕来自父亲的惩罚的俄狄浦斯情结，也就是心理学所说的乱伦焦虑与阉割恐惧，这是集体无意识的残留，也是这个年龄段孩子的普遍议题。所以，我们倡导这个年龄段要开始让孩子和父母分床，让父母恩爱地睡在一起，这样可以在无意识中降低孩子担心自己拆散了父母的焦虑与恐惧。当然，至于具体是什么原因，父母可以通过和孩子做游戏来获悉。比如，可以和孩子玩绘画的游戏，你一笔我一笔地涂鸦、讲故事等，都可以试探性地了解到孩子内在具体的恐惧是什么。

如果孩子的这种情况已经持续了好几个月，说明他暂时还没有找到防御处理的方法，建议借助专业力量帮助孩子处理掉那个恐惧。大多数情况下，只要能帮助孩子呈现出无意识的恐惧，并通过他自己的方式在现实世界中加以象征化的处理，这个症状就会自然消失，还孩子一个甜美的梦乡。

分床问题

分床就像断奶，让很多父母不知所措，很多父母直到孩子青春期了依然未完成分床。离异、单亲和由老人抚养的家庭，总有着不同的分床故事，有的孩子总说怕黑怕鬼要跑到父母床上来，有的父母总认为孩子还小无所谓分不分床，孩子与父母的这些抗拒分床的行为背后又有着怎样的心理动因呢？

婴儿是否应该和父母同睡

> 我家孩子刚出生不久，关于孩子晚上该不该和父母同睡的问题，我们听过很多不同的说法，想问问您从心理学的角度是如何看待这件事的。谢谢！

从性心理发展的理论角度说，婴儿是不该和父母睡同一间卧室的，尤其父母性交时，孩子更不应该在场。一般人通常认为婴儿或者孩子还不懂这些，对婴儿是无害的，但大家需要了解的是，孩子透过这种经验，孩童的性的感觉、攻击性会受到太多刺激，婴儿会在潜意识中摄取他无法在理智上了解的内容，比如很多孩子会认为父母在进行一件非常危险的事，认为父母在互相攻击。

通常，当父母认为婴儿已入睡时，孩子其实是醒着或半醒的，即使在看似睡着的时候，孩子依然能够感受到周遭发生的事情，这也是很多父母有过的经验：父母一旦有亲密的性行为，睡在旁边的孩子就会神奇般地醒过来或哭出来。虽然这一切都是被模糊地感知到的，但是一种鲜明却被扭曲的记忆将在孩子的潜意识中保持活跃的状态，对孩子的性心理发展是非常有害的。

更糟糕的是，当这种经验与其他会让孩子产生压力的经验同时发生时，比如生病、手术、断奶等，这个影响会非常直接地反映在睡眠问题上，常见的问题就是很多孩子无法分床、极度害怕黑暗、害怕一个人睡等。

2

6 岁孩子还没分床，妈妈向儿子撒娇

6 岁男孩未和妈妈分床，妈妈经常向男孩撒娇，嗲声嗲气说话，妈妈说一句男孩学一句。妈妈是否应该向爸爸撒娇？经常向男孩撒娇会影响孩子的成长吗？

这个问题非常好，大多数成年后还是不能分床的儿子多是和妈妈的关系过度亲密有关，而妈妈自然是背后的那个决定性因素，也就是妈妈潜意识中不能离开儿子的需要。

在自体心理学中有一句非常棒的关于妈妈的养育的表达，叫"不含诱惑的深情"，即妈妈对孩子的爱不能含有任何诱惑的成分。比如孩子已经长大了，在孩子洗澡时妈妈还要进去洗个衣服、敷个面膜这种典型的诱惑行为，比如在孩子面前过度暴露自己的身体等间接性诱惑行为。这些都会导致孩子潜意识中的焦虑，比如怕黑而无法分床。因为潜意识中孩子害怕的是黑暗所带来的对母亲的欲望觉醒，那个欲望让自己根本无法掌控，由此引发的内心焦虑以及来自父亲的惩罚与阉割恐惧，这些都会以各种焦虑和恐惧的方式呈现出来，最典型的表现就是强迫洗手等各类强迫症行为。

建议父母一定要特别注意自己的行为。如你所说，妈妈应该去和爸爸发嗲，而不是儿子。

3

9 岁女孩不能和妈妈分床

> 9 岁的女孩非常黏妈妈，不肯和妈妈分床。即使睡着了，妈妈去另一个房间睡，半夜孩子如果醒了也会去妈妈的床上继续睡，怎么办？

我们说孩子的长大过程，就是学会分离与分享，而分床就是一个直接的分离表现。孩子不能分床，往往是因为需要更多的黏腻和亲密，这就意味着当下在孩子的内心，对于母爱的感受还是缺失不够的，需要获得妈妈更多的陪伴。

建议妈妈尽量去满足孩子的情感需求。如果白天确实没时间，那么晚上抽空多陪陪孩子，比如告诉孩子，妈妈会等你睡着了再离开；或者睡前陪孩子聊聊心事，听听孩子的情感表达，给孩子象征性的拥抱；或者允诺孩子早晨醒来时爸爸妈妈一定会在她的面前，而且会有惊喜的礼物哦；或者答应孩子偶尔可以过来陪爸爸妈妈睡；或者和孩子一起制作一个精美的卡片，放上妈妈的照片，写上"妈妈的爱陪宝贝入眠"，留在孩子的枕边；也可以与孩子玩一个快乐魔法游戏，让孩子相信妈妈随时都能看到她。总之，要让孩子确信爸爸妈妈一定会在她的身边，不会离开。只要父母充分耐心地让孩子体验到父母的爱，父母想要分离，就一定能分得了。

当然，分离的过程需要根据孩子的具体情况循序渐进。永远记得，对孩子要有足够的耐心，不含敌意的坚决与温柔的坚持永远比愤怒的责骂管用。特别是对于一些单亲家庭的孩子，适当延缓分离还是有必要的。当然，这些做法的前提是孩子不愿意和同性的父母分床，如果是儿子和妈妈，或者父亲和女儿，那无论如何还是需要考虑及时分床的。

任何形式的分离，比如断奶、上幼儿园、分床等，都不建议妈妈突然离开，都需要给孩子一个过渡的空间和时间。只要父母是有意且明确需要和孩子分离的，孩子是一定能够完成分离的。毕竟所有孩子的成长都是自然地趋向分离的。那些最终不能和父母分离的孩子，一定有一个潜意识中不肯分离的父母，这就需要父母去做一些自我成长和探索来改变了。

13 岁女孩怕黑怕鬼还爱看恐怖片

> 　　13 岁的女孩还是不能独自睡觉，晚上不肯一个人睡，说害怕，怕鬼、怕外星人、怕怪兽，白天一个人在家也会把门都关上。我挺担心和郁闷的，这么大了还不能独立睡觉，我和老公也没有单独的时间和空间。女儿偶尔一个人睡，半夜也会跑到我们床上跟大人一起睡，她说看了恐怖片就更怕了，但又忍不住想看，怎么办？

　　怕黑、怕鬼，都是一种基本的恐惧情绪，而恐惧是一种担心被迫害的情绪。人类最原初的恐惧来自迫害焦虑，而孩子的恐惧一般来自担心受到养育者的迫害和报复，而这种情绪起因于对养育者的不满而激发的对养育者的攻击。也就是说，如果我的养育者没有很好地照顾我，经常会有一些有意无意的忽视，那么我就会在内心产生很多的不满和害怕，一是担心自己会活不下去，二是担心因为自己在内心对养育者有了抱怨和攻击后，养育者会反过来报复我、惩罚我，于是就形成了最初的恐惧，也是人类共有的、最深的、对于生存与死亡的恐惧。

大家会好奇，那么小的孩子，还不会走路，怎么会攻击父母呢？这就是一个重要的心理学概念——幻想即现实。孩子是在幻想中完成了所有的攻击，而那个幻想对孩子来说就是现实。婴儿期的幻想都是精神病性的幻想，来自人类集体无意识的怪力乱神，也是婴儿全能感的表现。孩子的攻击武器是怪力乱神，攻击对象是父母，那么他自然会害怕受到父母的报复。

那么，既然是害怕父母的攻击，为何变成了怕黑怕鬼呢？这就要提到婴儿一种重要的心理机制——投射。因为婴儿内心无法承受那个迫害自己的人会是父母，所以需要把内心那个坏父母投射出去。投射给谁呢？自然就是那些怪力乱神、陌生人、坏人等和父母无关的人及物。这也就是为什么绝大多数小孩都怕黑怕鬼的原因，因为婴儿都需要一个将内心害怕的坏父母分裂并投射出去的对象。

既然害怕这些恐怖的东西，为什么反而想去看恐怖片呢？这就是另外一种心理机制。孩子希望自己能够面对内心的恐惧，试图从恐怖片中寻找到处理它们的方式，最终征服恐惧情绪。可惜的是，这种尝试往往会以失败告终，而且无疑会加剧这种恐惧，从而陷入恶性循环。

再具体看一下您家孩子的情况。13岁还没有分床，肯定是有父母自己的问题和原因，也就是父母没能容纳孩子的恐惧。当孩子要求一起睡时，你们就做了让步，没能做到温柔地坚持拒绝，这会导致孩子迟迟不能完成分床。毕竟，闹一闹就可以得逞的话，谁也不会轻易放弃的。所以，在这件事情上，我们需要坚定立场，然后一步步地陪伴、分离，直到完全分床。比如先陪孩子睡着再离开，比如告诉孩子你会在她睡着的时候回来亲亲她等，降低孩子的生存与分离焦虑。

另一方面，妈妈一定要学会温柔地对待孩子、倾听孩子，孩子内心的原初恐惧才会得以平息。要知道，怕黑怕鬼，只不过是内心害怕严厉的父母惩罚的变体而已。所以，从根本上去解决问题吧。也可以和孩子玩一些关于怪力乱神的绘画或手工游戏，将鬼怪视觉化，然后让其变得滑稽可笑，帮助孩子释放恐惧的同时也能增进亲子的联结，您所困扰的问题一定会慢慢得到解决的。

分离焦虑

有人说，我们的一生都在努力完成与父母的分离，我们成年后与恋人的爱恨纠缠只不过是与父母分离焦虑的重复罢了。孩子为何总是离不开妈妈的怀抱？孩子的黏腻行为背后又有着怎样的心理动因？

1

1 岁孩子特别黏妈妈

> 宝宝 11 个月，最近一周，只要我在她面前就闹着让我抱，不抱就哭得特别凶，我先生抱着也不行。我出门上班打招呼再见还可以，一关上门就哇哇大哭，要哄一会儿才好。我一回家她就黏在我身上，这该怎么办？这样的状态要持续多久？

您好，按照维也纳精神分析学家玛格丽特·马勒的婴儿发展理论，一个孩子的分离过程可以划分为以下几个阶段：

6～10个月，孵化期。也是孩子与妈妈分开的第一个阶段。孩子会努力地用手去探索妈妈的不同，同时对陌生人会有害怕的情绪。在这一阶段，妈妈是否和孩子有充分的眼神交流、能否让孩子体验到源源不断的爱与抱持，是非常重要的。

10 ~ 16个月，实践期。这是孩子独立自主、各种全能感发展的阶段。孩子自己会离开妈妈独立行走，表现得无所不能。这个时候，妈妈如果和孩子玩了足够多次数的躲猫猫、"你来抓我呀"之类的游戏，让孩子体验到足够多的控制感、全能感，孩子会感到自己能够掌控妈妈的存在，能够控制妈妈与自己的距离。

如果这个阶段发展得很好，妈妈不焦虑，不把孩子主动抓回来，允许孩子充分地探索和跑远，成为孩子安静的充电桩，不轻易地离开，也不限制孩子的全能探索，孩子就会形成内心的自信，为将来的分离奠定重要的基础。

16 ~ 24个月，矛盾整合期。孩子一方面感觉到自己的无所不能，另一方面又因为现实的能力缺陷而体验到挫败和无能，无所不能的探索被与母亲的分离感替代，这个阶段的孩子心境变得很易感，会表现出焦虑抑郁的情绪，心情低落，体验到前所未有的孤独感，于是又变得很黏妈妈了。孩子会用各种方式来打扰你，表现出想要你拥抱和关注他，但当你真的去抱他时，他又会把你推开。

这个阶段需要妈妈有足够的耐心和包容，允许孩子的反复打扰和反复无常，因为孩子正在内心体验着这样的煎熬，完成着一项重要的整合——独立、亲近与融合的整合。当孩子处于这个阶段时，妈妈千万不要认为孩子是越大越不懂事了，从而变得失去耐心，对孩子严加训斥。这样的话，孩子内心就会体验到被抛弃感，造成孩子持续无法分离的状态。

24 ～ 36 个月，客体恒常性阶段。经过上述几个阶段，孩子开始在内心内化出一个恒定的妈妈，形成在各种处境与情绪中都很稳定的"自己是谁"的意识，能够维持妈妈的稳定形象，无论她在或者不在，是满足的角色，还是剥夺的角色。同时，孩子能够把与同一个人有关的愉快和不愉快的感情整合起来，相信不在身边而令人感到挫折的妈妈正是那个赞赏他并挨着他的妈妈。这种整合能力不只依靠理智上统合相反事物的能力，也依赖于美好经验的足够累积。孩童必须要累积足够多的温暖经验，才有办法不让小的分离彻底压倒回忆这些美好经验的能力。也就是说，妈妈在之前的几个阶段都做得足够正确、足够好，孩子才能经由这个阶段顺利走向分离与独立。

　　您的孩子正处于 10 ～ 16 个月，这个阶段被著名的心理学家马勒称为实践期。孩子开始说话，一摇一摆学步，这些都加大了孩子对自己身体、肌肉感觉各方面的探索，促进了神经系统的发育。当孩子学步的时候，母亲会试着放手，孩子走出几步又会回到母亲怀里。对于孩子来说，母亲像是基地、港湾、堡垒。马勒将其称为感情上的充电。反复的感情充电，可以让孩子一步步地远离母亲，一步一步独立，一步一步分离出独立的个体。

　　所以，在这个时期，您可以和孩子反复玩以下两个非常重要的游戏。

　　第一个是躲猫猫游戏。孩子藏起来让妈妈找，或者孩子把自己的眼睛捂起来让妈妈消失又出现。孩子心里有个意象，当把眼睛捂起来看不到母亲时，对他来说，就意味着母亲消失了。他捂住眼睛的时间越长，内心的焦虑越严重。孩子突然把手松开，看到母亲，累积的焦虑能量突然释放，他会感到喜悦、惊奇甚至伴随着尖叫。

不要小看这个游戏，它可以检验这个孩子可以离开妈妈多久，这意味着孩子在心理上能独立多久。这个阶段的孩子，在和小朋友玩的时候会时不时就要去看看妈妈在不在，这是孩子心理成长和个体化发展的一个过程。如果妈妈没有意识到这一发展特点或对此没有耐心，可能会影响到孩子的成长。

第二个游戏就是"你来抓我呀"。孩子挣脱妈妈的拉扯跑掉，说"你来抓我呀"。他是想逃离妈妈，引起妈妈的注意。妈妈会跟在后面，设法把他抓住抱起来。等放开孩子，孩子又会跑。母亲要试图再次抓住他。这时，孩子是快乐的、兴奋的，因为他逃离母亲的控制又被抓住，在这个过程中他会体验到可以掌控母亲的控制感和自尊感。

孩子的喜悦除了来自操控感和自尊感，还因为可以和妈妈融合，这对孩子来说是非常快乐的。这个时候，母亲的状态很重要。一个好母亲能够容忍孩子进一步的脱离，同时也会站在那里等待孩子回来充电，还会用欣赏的目光看着孩子探索世界。母亲是稳定的、不焦虑的。如果母亲能够接受孩子的反复回归，就会让孩子得到更多的自信和更强烈的操控感，更有信心探索更大的世界。而这些稳定感、操控感、自信和快乐都是人必需的心理营养，对于孩子能够顺利地分离是非常重要的。

另一方面，很多父母对小孩子的探索会感到焦虑、担心和害怕，担心孩子会从椅子上掉下来、会跑到大马路上、会玩尖锐危险的东西等，这些都是对父母的考验。大部分父母是有能力阻止孩子做危险的事情的，但也有一些父母会在和孩子的交流沟通中遇到困难。有些老人带孩子，体力跟不上孩子，就把他们拴在身边，孩子就失去了探索世界的机会，也就失去了操控感、稳定感、自尊感、愉悦感的养成机会，这样的孩子长大后，可能会出现由此衍生的各种问题。

简单来说，这个阶段需要妈妈有足够的耐心和共情，允许孩子的黏附，安抚孩子的分离焦虑，也允许孩子充分地发展自恋，帮助孩子做更多的自我探索。正常情况下，孩子到了 3 岁左右就会完成分离个体化，内心形成稳定的客体，不再那么需要妈妈的存在，而能够更好地走向外面的世界。

2 岁多的孩子胆小怕生

宝宝 2 岁零 5 个月，胆子不算大，平时对于陌生人会表现出羞涩，有时候正玩得嗨，一个陌生人逗他，他就立刻停止嗨的状态，很羞涩地低着头，赶紧往我身边跑，好像做错了事。我该怎么引导？

按照英国客体关系学派温尼科特的理论，孩子在 2 岁多应该处于儿童发展过程中的相对依赖期，确切地说是处于该过程中的相对独立阶段，该阶段独立占主导，依赖相对退后，孩子会有很强烈的彰显独立的意识，但仍不时地需要回到妈妈的身边寻求安全感。在这一阶段，妈妈最需要做的就是给孩子腾出空间，根据孩子的需求随时调整自己的状态：孩子不需要妈妈时就保持一定距离，需要妈妈时就马上回到孩子身边。这样，孩子就能够顺利地发展出独立的能力，从而实现与妈妈的分离。

如果在分离过程中妈妈非常焦虑，过于干涉孩子，或过于担心孩子，总是代替孩子做事，不给孩子空间去体验这个过程，那么孩子就会慢慢地丧失自主性，变得绝对依赖或绝对拒绝，外在表现就是一直离不开妈妈或对妈妈表现出抗拒和愤怒。于是，妈妈和孩子之间就会形成一个恶性循环——妈妈越干预，孩子越无能；孩子越无能，妈妈越干预，直到孩子成年也无法完成这个分离。

所以，针对孩子目前的状况，妈妈能做的就是在孩子害羞回到妈妈身边时给予足够的支持、抚慰，孩子放松下来，自然会再一次走出去。如此一来，孩子会慢慢将妈妈的安全感内化进心里，形成稳定的自信。

另一方面，孩子对陌生人表现出的害怕，即所谓的怕生，其实是将内心中的坏妈妈分裂出去，对外做出的一个投射。孩子越怕生，说明内心坏妈妈的成分越多。所以，从另一个角度来说，想让孩子不怕生，自己就要做一个好妈妈，让孩子内心的坏妈妈的成分少一些，孩子就不需要那么多的投射了。

③

3 岁多的女孩特别黏妈妈

女儿 3 岁半，一直是我一个人带。现在感觉她特别黏我，做什么都需要我陪，总是希望我的注意力在她身上。怎么才能让她在我工作和做家务时独立玩耍、阅读，让她知道我有时候也需要一些个人时间和空间，不能任何时候都陪她？

3 岁半的孩子，理论上已经完成了与母亲的分离，要进入幼儿园了。如果孩子上幼儿园之前已经经历了从黏人到能够独立玩耍的阶段，现在又表现出反常的黏人，这应该是上学分离焦虑引发的退行性行为——孩子因为上幼儿园引发了分离焦虑，变得像个 1 岁多的孩子一样特别黏你。如果是这样，需要妈妈允许孩子退行回去，给予足够的爱和抱持，孩子才能顺利地度过这个人生中第一次真正意义上的分离。

对于孩子的退行，大人要知道这是一件很幸运的事情，说明孩子内心至少有一个让她感觉到安全的基点。妈妈一定要注意维护好这个基点，接受她的退行，让孩子再次去感受那个安全温暖的妈妈，很快她就又能够离开妈妈了。成长就是这样，总是螺旋式上升，起起落落，偶尔会退回去一点，非常正常。

但如果孩子从小就是这样，一直非常黏你，那就另当别论了。这说明孩子没有完成正常的分离个体化，客体的恒常性没有建立，也就是说，孩子的内心还没有驻扎一个相对稳定存在的妈妈。看您的文字描述，孩子从小就是您一个人带大的，在孩子的身边并没有出现其他客体，比如父亲。孩子在 3 岁多应该逐步步入俄狄浦斯期，应该有一个靠向父亲的需要。这个时候，父亲是将孩子带离母亲身边的最好人选。如果父亲的角色缺失，这个阶段的任务没有完成，孩子就容易将依赖的焦点一直停留在妈妈的身上，始终停留在共生的状态中。这是需要父母去考量的一个现实问题。很多时候，往往是因为母亲缺乏一个独立的自我，才会将注意力始终聚焦在孩子的身上。

关于独立，让孩子独自去玩，长大后走向远方，这个部分是父亲的重要功能之一，就是让孩子能感觉到父亲像大山一样的支持。那种被托举得高高的安全感，让孩子能够看见远方的风景，相信自己的能力和力量，可以勇敢地去实现自己的理想，这个也是弗洛伊德的超我的概念的一部分，其中包含了理想。

所以，有可能的话，让孩子的父亲介入到关系中来，这对孩子的成长意义重大。

4

一年级男孩每天给妈妈打无数电话

小学一年级的男孩，每天总要用电话手表打好几个电话给妈妈，汇报自己在学校的情况，同时也会问妈妈在哪里，在做什么事情。如果妈妈没接电话，孩子就会哭，或者一直拨妈妈的号码，焦虑不安，不愿午睡，却从不会打电话给爸爸。这样的行为怎么理解呢？

一分开就不停地打电话，没接通就不停地重拨，这是很多成年人在恋爱中也会经常出现的互动模式，我们可以从依恋模式的角度来说说这个现象。

依恋，一般被定义为婴儿和其照顾者（一般为母亲）之间存在的一种特殊的感情关系。它产生于婴儿与其父母的互动中，是一种感情上的联结和纽带。依恋理论首先由英国精神病学家约翰·鲍比提出，后续的研究进展则来自玛丽·爱因斯沃斯设计的陌生情境测验，用以测试 1 岁婴儿对其母亲的依恋。

陌生情境测验是在一间实验性玩具室内观察婴儿、养育者（多为母亲）和一名友好却陌生的成人在一系列情境中的行为与反应。在设计的 8 个情境中，婴儿经历逐级增加的忧伤及对亲近的更大需要，整个过程约需 20 分钟。婴儿内心需要满足的程度及满足需要使用的方法被认为表明了依恋的质量。

最初，母亲与婴儿被邀请进入一间放有玩具的舒适的实验室，当婴儿安静下来并开始玩玩具时，会有陌生人加入。之后，相继有母亲离开、陌生人与儿童相处，母亲回来、陌生人离开，母亲离开、婴儿独处等情境，婴儿的反应用录像带进行记录。事后，依据录像带的记录评估婴儿的探索行为、对养育者与陌生人的倾向性、在简单分离后重聚时对母亲的反应等，从而对依恋进行分类。虽然婴儿的所有行为都要考虑进去，但在区分依恋类别时，婴儿在重聚时的行为表现具有最突出的意义。

玛丽·爱因斯沃斯的陌生情境测验将婴儿的依恋关系分为三类：

1. 安全依恋。这类婴儿与母亲在一起时能舒心地玩玩具，并不总是依附母亲，当母亲离开时，明显地表现出苦恼，但当母亲回来，他们会立即寻求与母亲的接触，并很快平静下来继续玩游戏。

2.不安全依恋，回避型。这类婴儿在母亲离开时并无紧张或忧虑反应，母亲回来，他们亦不予理会或短暂接近一下又走开，表现出忽视及躲避行为，这类婴儿接受陌生人的安慰与母亲的安慰没有差别。

3.不安全依恋，反抗型。此类婴儿对母亲的离去表示强烈反抗，母亲回来，他们会寻求与母亲的接触，但同时又显示出反抗，甚至发怒，不能再继续玩游戏。

依照您的描述，孩子与您的依恋模式是比较典型的反抗型依恋模式，一旦分离，孩子就表现出非常高的焦虑水平。出现这样的依恋模式，往往因为生活中母亲与孩子的联结不稳固，在与孩子相处时母亲情绪波动较大。比如，母亲有时候和孩子很黏腻，很温和，有时候又突然变脸，表现得非常情绪化，让孩子感到非常害怕。比如，母亲在孩子不听话时就会吓唬孩子，说不要他了，把他送人，不乖了就丢掉，等等。孩子内心会感受到巨大的恐惧，害怕失去妈妈，害怕妈妈会不要他。

大人可能无法理解这种恐惧在孩子心中的真实和强烈程度，如果发现孩子有明显的焦虑和恐惧情绪时，千万不要再开这样的玩笑，也不要不当回事，而是应该好好地把孩子抱在怀里，让他的恐惧和悲伤释放出来，让他知道妈妈永远不会抛弃他，直到他放松下来，非常满意地愿意离开妈妈的怀抱为止。这是一个非常重要的重新体验依恋、传递安全感的机会。

另外，看您的描述，孩子非常抗拒爸爸，对妈妈的行踪表现出明显的控制，还主动汇报自己的行为，说明孩子正处在俄狄浦斯期，也就是潜意识中与爸爸竞争妈妈的阶段。这个时期需要爸爸多多介入，将孩子带离妈妈的身边，和孩子成为兄弟、朋友，建立合作与竞争并存的良好关系。

但如果孩子只是不打电话给爸爸，并不抗拒与爸爸接触，那么可能就是一个分离焦虑的问题。这个时候需要妈妈返回去，给到孩子更多的安全感，毕竟这个问题如果现在不解决，未来也一定会以别的方式呈现出来，比如没法离开妈妈去交女朋友，成为一个妈宝男等。或者就像前面所说，等到孩子长大后开始恋爱，他也会像现在这样，一旦和女朋友分开，就会不停地呼叫女朋友，表现得非常焦虑恐惧。

强迫行为问题

何为强迫行为？它是指我们明知不可为却不可抑制地不断重复的行为。有的孩子啃手指啃到手指出血也停不下来，有的孩子睡觉前需要把床头的娃娃摆放得整整齐齐，不能有任何的顺序错乱，否则就不肯睡觉，半夜也得爬起来整理……孩子的各种看似无厘头的强迫行为背后到底有着怎样的心理动因？

1

2 岁孩子吃饭睡觉都要看佩奇

　　21 个月大的宝宝，特别喜欢看佩奇，吃饭和要睡觉的时候特别要看。晚上明明已经很困了，她还是吵着要看，夜里翻身迷糊时也喊着要看佩奇，早上一醒来还是要看佩奇。不给看佩奇，孩子就哭闹不止，唯一的办法就是抱着出去，她自己也会喊"走……走……"，还会提醒我带钥匙，然后我就在外面散步抱着她睡。

　　小孩子在自我功能发展的阶段，有一种现象，叫过渡性现象，比如发呆、做一个动作、玩一个游戏、看一部电视剧。当这些事情被反复重复时，就是孩子思维形成的重要过程。对于成人而言，这个过渡性现象就是一个习惯、一个癖好；对于一个社会和民族而言，这个过渡性现象就是一种文化、一种风俗。每个个体和社会都会在发展过程中形成不同的过渡性现象。

看小猪佩奇就是你家孩子的过渡性现象，是她某种思维形成的独特过程。至于具体是什么，我们无从得知，但吃饭睡觉时更要看，那毫无疑问是和母亲有关了。而且，孩子要抱着睡觉，提醒你带钥匙，这在象征意义上就是渴望回到妈妈肚子里。孩子的行为、语言和思维都是非常接近潜意识的，是充满象征性的，所以，建议妈妈多关注和孩子的关系，先大胆放心地让孩子看吧，或者和孩子聊聊关于佩奇的故事，了解孩子的内心，在生活中扮演动画片里的某个角色，满足孩子的某种幻想，孩子可能会自然地度过这个阶段，发展出某种可贵的原发创造性，这也是社会进步的重要基石。

21 个月大的孩子正处于自主性的阶段，做什么事都要自己做主，坚持自己的想法，不达目的不罢休。所以，建议您鼓励和允许她在这个阶段达成自己的目的，但并非鼓励孩子哭闹，可以和孩子提前说好看到什么时候。提前说比到了时间直接阻断要有效果得多。父母可以买个沙漏，提醒孩子沙子漏完了就不能再看了。采取的方式一定要是孩子可视的、能清楚感知到的方式。如果约定的时间到了，孩子还想继续看，那么要和她约定好，需要她付出什么"代价"才行，比如运动多久等健康的"惩罚"方式，一定要是孩子喜欢大人所希望的方式，这样小孩子会比较容易放下电视，同时还能让她形成好的品质。

2

3 岁孩子把东西摆满沙发，不让别人动

> 女儿 2 岁 8 个月，最近总是把她的东西摆满沙发，每天都摆着不让人动，稍微动一下、变个地方她就大叫。孩子为什么会有这种表现呢？

这是一个非常好的问题，也是很多父母都会遇到的问题——孩子强迫性地追求顺序、样式等，放好的东西绝对不让碰、不让打乱，强迫性地数数，看电视反复从一个地方看……这些都属于同一类的问题，这里我从两个方面来给予解释。

1.孩子正处于自主性发展的阶段，孩子在用占地盘的方式宣誓主权，意味着我需要在这个家中拥有一席之地，拥有话语权，这是一种很有意思的表达方式。

2.在孩子的幻想世界中，因为母亲的缺失或不及时回应，孩子在潜意识中会形成攻击和伤害母亲的冲动。所以，当孩子的自我功能逐渐发展起来时，她就会很担心自己对母亲的伤害，于是很想去修复那个被自己伤害的母亲。在这种意愿的推动下，孩子往往发展出一系列的强迫性行为，用于在潜意识中完成一个象征性修复的表达。于是，很多孩子会让外在的事物保持一个既定的顺序或样式不能变动，寓意就是妈妈没有被我伤害，妈妈是完好的、整齐的，同时也可以解读为：孩子创造了很多完好无损的孩子来送给妈妈（洋娃娃经常是孩子的象征）。这意味着孩子认为自己在潜意识中曾经对妈妈肚子里的孩子进行的伤害被修复了。同时，外在空间的整齐有序，也意味着孩子的内在空间是完好的。孩子潜意识中希望自己的内在没有被妈妈报复性地摧毁，她希望看见和确信自己的内在是完好的，所以她需要让那个空间保持有序的状态，这就是这个年龄段孩子会出现大量的关于整齐类强迫性行为的动力学解析。

所以，建议大人尽量尊重孩子的创造，让孩子的自我发展根据自己的内心状态顺利过渡。一方面，这是孩子创造性的表达，需要尊重；另一方面，大人也要提醒自己，在孩子的幻想世界里给予孩子更多的无意识的配合，配合她完成内在的整合过程。

3

4 岁男孩总担心丢东西

男孩 4 岁，有时会一直拿着自己喜欢的玩具或者吃的。我让他放下，他经常会说：妈妈，会不会丢了？或者会不会有小偷？

三四岁的孩子处于幻想的高峰状态，内心会有很丰富的幻想，会有很多的焦虑与不安。一部分原因与分离有关，主要来自孩子对不能被照顾的担忧，担心照顾自己的人会消失不见。另一部分原因来自占有与竞争，也就是我们常说的俄狄浦斯情结。孩子担心东西被偷的想象来自自己内心的投射，因为他自己当下就是一个小偷——偷着占有妈妈，因此，孩子会投射性地认为外面也有人想要偷窃和攫取自己拥有的东西。同时，这个阶段的孩子常常还会担心因自己的偷窃行为而被惩罚，也就是来自父亲和超我的惩罚，开始特别怕警察或希望自己成为警察。

总之，在这个幻想阶段，大人需要理解孩子内心幻想世界的象征性意义，不用太过担心和介意。平稳地对待孩子的幻想，是最好的方式。

5 岁男孩看电视时喜欢咬东西

5 岁半男宝边看电视边咬东西，比如遥控器。我告诉他，这是有毒的，并替换成其他可以吃的东西，他也会接受。但是，吃完以后，他又不自觉地开始咬。是什么原因导致这种行为？需要干预吗？我应该怎么做？

咬东西一方面是缓解焦虑，另一方面是释放攻击性，是回到口欲期的状态，也是一种偶尔的退行性行为，就像大人要抽烟一样。不知道您家孩子是只有看电视的时候才咬东西，还是其他时候也都会咬。如果只是看电视的时候咬，那么他是看特定的电视节目才咬？还是看什么节目都咬？这是需要父母去观察和澄清的。

总之，不建议干预行为本身，比如说这个东西有毒，替换别的东西去咬，或者直接阻止、呵斥，因为这样的方式基本上都是无效的，还会反过来固着孩子的撕咬行为，导致孩子受到双重压力而更难戒断。

如果不是很严重，只是偶尔的行为，也不存在伤害自己的行为，大人可以选择忽视。因为这基本上代表孩子有焦虑，让他用自己的方式去解决吧。也可以从现实层面找找原因，是什么事情导致孩子焦虑？通过问问题有时是很难知道的，大人可以和孩子一起玩情绪的游戏，让他将从起床到上床睡觉、一天中做的大小事情都列出来，然后给每件事情画上情绪的表情，给他一些筹码代表情绪的强度，这样就有机会了解孩子到底对什么事情是喜欢的，对什么事情是焦虑害怕的，然后有针对性地帮助孩子解决问题。

5

5 岁男孩总是咬指甲、手指

5 岁半的男孩，从一年多前开始频繁咬指甲及手指，基本这一年剪指甲的次数没有超过 3 次，都被咬掉了。医生说是坏习惯，家里也多次讲道理甚至吓唬他，但没有很严肃地惩罚过，最多就是停掉零食。最近试着在他指甲上涂风油精，好了两三天，孩子又开始咬了。感觉实在没有办法，所以想求助老师。

孩子咬指甲的行为是一种缓解内心焦虑的方式。焦虑的来源往往是内心幻想层面的迫害焦虑，也就是担心受到来自父母的惩罚，而这种担心又是来自自己内在体验到的、对于不能满足自己的妈妈的愤怒和攻击的欲望，所以，孩子的强迫性神经症性的行为往往是保护自己内在不会过于焦虑和恐惧的方式。

如果咬指甲变成了咬手指咬出血的严重自伤行为，意味着这也是攻击性的替代行为——孩子内心对父母充满了愤怒，而这个父母过于严厉，不允许孩子表达愤怒，比如用语言攻击父母，说"你们去死吧""我要打死你们"等。很多父母把孩子的这种语言攻击视为不孝顺、不道德，会严厉地惩罚孩子，或者和孩子讲道理，让孩子道歉。孩子的愤怒就永远也释放不出去，还会累积得越来越多，最终，孩子只能发展出通过伤害自己身体的方式来释放这个攻击性。而这个时候，大人如果还是看不懂，继续施压，对孩子来说将是一种致命的伤害。大人采取的那些方法，包括讲道理、吓唬孩子、停零食处罚、涂风油精等，都会固着和强化孩子的行为，并增强他的焦虑和愤怒，从而加大啃手指的强度。希望父母及时调整自己的方式，跟孩子温柔地沟通，共情孩子的情绪，帮助孩子释放出心里的愤怒与恨。

建议大人通过一些对抗性游戏帮助孩子释放攻击性，比如僵尸咬人的游戏——假装成一个很滑稽的僵尸在撕咬东西，然后导入欢笑和连接，可以帮助孩子转化攻击性，也达到了与孩子情感连接的目的。

6

6 岁小孩有很多固化的小动作

> 从很小的时候起，孩子睡觉就喜欢用手摩擦凉硬的东西，比如小包沙拉酱、挺括滑凉的被套。我曾试过给他柔软的安抚巾，但是他不喜欢。现在孩子快 6 岁了，平时有很多小动作——抠自己的手指，拉别人时会抠别人指甲，换上内裤前会不由自主地用手摆弄小鸡鸡。他是有强迫症吗？需要如何关注或改变呢？

您好，首先，您描述的行为可能具有两种不同的心理意义。

睡前摸东西是对过渡性客体的安抚需求行为，不过绝大多数孩子的过渡性客体都会是温暖柔软的东西，您家孩子的过渡性客体却是冷硬的东西，这点确实比较奇怪，但并非不合理。过渡性客体无法被父母安排给予，它可能是任何一个东西，甚至是无形的声音或味道，那是孩子在某个特定的心理情感活动下所关联的物件，是一个纯粹的主观行为。父母需要做的是理解、尊重并给予满足，这是孩子与父母分离的一步。

您描述的其他小动作和过渡性客体无关，而是缓解焦虑的行为，或攻击性的表达行为。抠手指、咬指甲等大多是焦虑缓解行为，而如果弄到自己鲜血淋漓或弄得别人手指甲严重破损的话，那么大多数情况下，孩子是在表达内心的攻击性和释放愤怒，这与缓解焦虑的行为是有所区别的。

至于换内裤时摸小鸡鸡的行为，以及许多孩子会出现的仪式性行为，这个统称为强迫性行为。孩子必须按照某种固定的顺序做某件事，打乱了就不行，我们把它称为神经症性的行为。我们需要探讨这些行为背后的象征性意义，而每个孩子行为的象征性意义可能完全不同，纯粹是孩子内心世界的幻想，你可能无法得知这个幻想的内容，因为孩子自己也是不知道的，需要通过一些潜意识的游戏探索才能有所洞悉，比如沙盘游戏等。

随着年龄的增长，有些孩子的强迫性行为会慢慢地自然消失，也可能愈演愈烈，这取决于孩子内在象征的那个情结是否得到了妥善处理，比如孩子摸小鸡鸡也许是在幻想与母亲的身体结合、渴望与母亲融合、确认自己的小鸡鸡完好无损等。不管他的幻想情结是否有必要处理，但有一点可以通过这些行为反馈得知——这个孩子的心智发展还不够成熟有力，目前无法用语言表达自己的情绪，同时也说明父母平时在情绪表达方面是有所欠缺的，孩子才会需要通过身体的各种行为、症状来表达自己的内在状态。

当然，父母需要了解的是，孩子的强迫性行为或其他的焦虑缓解行为，都是孩子在用他目前能做到的、能够被自己接受的方式保护自己的内在不被摧毁，是一种自我保护的无意识行为。父母绝对不能通过任何强制性的方式去强制他做出改变，这样只会"按下葫芦起了瓢"——这些问题会在其他方面以其他的方式再现，甚至会加重它的剧烈程度。

7

7 岁女孩喜欢啃指甲、撕纸、戳橡皮

> 7 岁的女孩，喜欢拿新铅笔在旋笔刀里转，一直转到铅笔握不住就扔了；喜欢玩纸巾、卫生纸，会把纸巾抽出来折好，会将卫生纸扯成一节一节的，再揉成团塞到角落里、书包里；指甲几乎全是被啃掉的，根本等不到剪；她还喜欢用铅笔把新橡皮戳得满是点点、洞洞，或者直接用手把橡皮抠成小块。为什么？怎么办？

　　您所描述的孩子的这些行为，是非常典型的强迫性行为。旋转着削铅笔，直到削没有了扔掉，是象征性的侵入性攻击行为，也很有可能是性行为的幻想表达；纸巾抽出来折好，是象征性的修复行为；将卫生纸扯开揉成团藏好，就像是分尸藏尸的行为；咬指甲是典型的焦虑和攻击性的表达；用铅笔把橡皮戳得满是洞洞，和前面的削铅笔行为很像，也是典型的侵入性攻击行为，或者可能是象征性的插入性性交行为；把橡皮抠成小块和撕扯卫生纸是一样的肢解性的攻击行为。

7岁孩子应该上小学了，理论上应该已经安稳过渡到心理发展阶段的潜伏期，也就是开始用兴趣爱好、同学关系等来防御内心各种两性冲突的年龄阶段。然而，听上去你家孩子还停留在俄狄浦斯期的两性父母竞争的心理冲突阶段，即有很多杀母嫁父的幻想，甚至是更早期的充满对父母的愤怒与攻击幻想的前俄狄浦斯阶段。

孩子因为自我功能还不够强大，无法顺利地平衡内心的攻击性情绪和道德焦虑的冲突时，就会发展出很多强迫性行为，比如用一些象征性的行为释放和表达内心的攻击性，然后因为攻击性释放过多，就会想到要去修复因为自己的攻击而造成的破坏与伤害，所以又会发展出很多象征性修复行为，比如强迫性摆放、对摆放顺序有强迫完美的要求等。至于这些行为具体意味着什么，是需要经过专业的儿童精神分析来诠释的。

孩子会有这么严重的行为问题，很可能是因为现实中父母的照顾非常糟糕，对孩子情绪或身体的暴力过于严重，导致孩子内心有很多的愤怒。同时，在现实中父母很可能过于强大，才会令孩子内在的超我过于严厉，内心感觉到无助、害怕，担心自己一旦报复和攻击会遭到更大的惩罚甚至抛弃，从而形成内心的冲突。这就是神经症性行为的内心根源。如果不及时进行处理和疏导，这些内心冲突会一直延续到青春期，以更直接、更糟糕的方式爆发出来，甚至有可能引发反社会、霸凌等暴力行为。

情绪问题

喜怒哀惧，本是我们生而为人的本能体验，但在孩子的身上却总是以各种激烈甚至不可思议的方式呈现：有的孩子一不顺心就大喊大叫；有的孩子总是悲天悯人，各种伤感；有的孩子天生胆小如鼠，什么都不敢尝试……我们该如何看待孩子的这些让父母伤透脑筋的情绪问题呢？这些行为背后又有着怎样的心理动因呢？

情绪与理智的本源关系

美国精神健康研究所的脑进化实验室主任保罗·麦克莱恩在 20 世纪 50 年代提出了"边缘系统"的概念。1990 年，在其著作《进化中的三位一体大脑》中，麦克莱恩正式提出"三重脑"理论，认为人脑结构大致可分为三层：

·最下层为"爬行脑"（即脑干），主要负责心跳、呼吸等躯体自身的运转；

·中间层为"古哺乳脑"（即边缘系统），很多情绪的产生都与这个区域密切相关；

·最上层为"新哺乳脑"（即大脑皮层），是意识、理智产生的区域，负责语言、预测、策划、抽象思维等。

这一理论催生了人们对大脑的全新认识。

有人曾提出一个非常有意思的比喻：脑的进化就像加盖房子，旧的不够用了，就在上面加一层新的。当然，旧的房子并不会被拆掉，而是依然负责原来的功能，新的房子则只负责新增的功能。也就是说，人脑并不是一栋全新的房子，某些部分是新建的，某些部分则还是以前的老房子——几亿年的老房子。

而人脑是由原始低等动物脑逐渐进化而来的，还保留着低等动物脑某些"原始"的结构和生存功能。

一个生物体，最基本的生存要求是躯体自身的正常运转，如血压、体温、呼吸、进食等。因此，脑的首要功能，也是最原始的功能，就是调节躯体自身的生理活动，即"身体本能"。

为了更好地生存，生物体需要具备在环境中躲避危险、争取资源的"行动能力"。因此，除了身体本能之外，大脑还需要具备另一项重要功能——"行为本能"。行为本能让生物体"自动地"（本能地）趋利避害，比如争夺食物、躲避天敌、群居动物争夺社会地位等。尽管随着进化的过程，行为本能越来越复杂，但是它们都是"本能"，都是自动发生的。在更高级的功能出现之前的几亿年中，"本能"一直是生物体赖以生存的总指挥。

由于环境越来越复杂，"本能"越来越不能保证人的最佳生存。因此，大脑进化出更高级的功能——"理智"（意识）。理智的根本目的，是"反思"本能的正确性，进而调整行为：我害怕这条蛇，但是真的有危险吗？我不想同最亲爱的人分开，但我们是不是有更重要的事要做？孩子被人欺负了，我很想教孩子反击，但是反击是最佳方案吗？

因此，"新系统"（理智）要比"旧系统"（本能）精密得多，但是旧系统并没有被废弃，相反却在进化中被保留了下来，结果就是：一个大脑中有两个系统在同时工作。人类头脑中各种各样的情绪，源自原始的趋利避害的行为本能。虽然它们被语言赋予了名称和意义，比如好奇、依恋、喜悦、恐惧、愤怒、悲伤等，但究其生物性功能的本质，都是"要么趋利，要么避害"的本能的行为倾向。

因此，理智与情绪的冲突，本质上就是理智与行为本能的冲突，或者说"新系统"与"旧系统"的冲突。那么，情绪与理智发生冲突时，到底谁说了算呢？

这里有一个非常经典的比喻：房子的大门，是在高层还是在底层呢？当然是在底层。那么，住在底层的人，一定能更快地进出大门。也就是说，在人脑这栋不断被加盖的房子里，位于底层的"本能"能够更快地接收到外界的信息，并更快地向身体传递指令。而住在高层的"理智"，无论是接收信息还是传递指令，都只是"间接"的。这意味着"本能"不仅可以更直接地控制身体，而且还可以肆意"过滤"信息，向"理智"传递不客观的"二手信息"，进而操纵理智。不可思议吧？这类例子其实有很多：当一个女人怀疑老公出轨时，她的糟糕情绪会令"理智"把老公的一举一动都分析推理为不良表现；当我们冲孩子发脾气时，我们的愤怒情绪会令"理智"振振有词地提供一百个理由来说明"发脾气是应该的"。

所以，由于结构的原因，在脑王国中，"本能"才是"国王"，因为它能更直接地掌控身体，而"理智"只能充当"国师"的角色。的确，很多时候国师（理智）有能力成功地说服国王（本能），但并不意味着它能说了算。就像我们可以憋住呼吸，但不可能一直憋下去。关键时刻，理智还是只能听命于本能——这是人脑的生理构造所决定的。否则，假如我们坚持认为"理智是人的主宰"，并以此要求自己和他人，那么我们将无法摆脱某些事实的困扰，比如：我们喝了那么多"鸡汤"，为什么还是无法彻底清除内心的嫉妒或怨恨？我们从小听到的都是"舍己为人"的故事，为什么很多人长大后，做的事却是"利己损人"？

遗憾的是，在从前的教育乃至整个文化中，我们几乎从未尊重过情绪——大脑中真正的"国王"。而在信息交换如此畅通的今天，不顾情绪的道德教育，最终只会被当作谎言。为此，我们已经付出了太多代价——小至成长中的烦恼和冲突，大到令人触目惊心的社会事件。最可悲的，莫过于谎言被揭穿时玉石俱焚的效应——我们不是正在把"追求真善"视作虚伪，而把"纵欲逐流"奉为真实吗？（不尊重"国王"的"国师"，最终一定会被打入天牢。）

"国师"的责任，不是自许为王，而是帮助容易冲动的"国王"冷静下来。只有重新确立情绪的王位，并认真"聆听"它的意见（注意，并不是遵从它的旨意），理智才能真正"说服"情绪。这是基于大脑生理结构的沟通原则，不仅适用于脑际沟通（与他人的对话），也同样适用于脑内沟通（与自己的对话）。

了解真相，重新认识大脑，将帮助我们重新认识情绪，思考教育的方向和方法，重新建立与他人的关系，重新了解并热爱自己。

愤怒情绪

2岁孩子发脾气摔玩具

> 　　2岁男宝，胆子特别小，以前别的小孩抢他玩具，他都不敢吭声。现在慢慢地在我的逼迫下，他敢抢回来了。但是他抢过来后就会摔掉玩具，然后自己跑得老远默默地哭，生闷气。该怎么去劝他呢？

　　玩具，在孩子那里具有非常丰富的心理意义。从6个月开始，孩子就学会了把玩具扔出去，并能从中领悟到我与非我的概念，知道了这个世界上还存在一个"我"之外的东西，于是有了自我边界。两三岁的时候，玩具就成了孩子的过渡性客体，变成了妈妈不在时精神上的替代。所以，很多孩子会抱着玩具睡觉，也有的孩子将玩具投射为另一个自己，和玩具说话，倾诉心事，获得理解。孩子在与妈妈分离的过程中，需要有一个事物充当过渡性客体来体验妈妈不在时的连接感，不至于让自己感到太孤独，这是过渡性客体的一个作用。

而另一方面，玩具也常常被用来帮助孩子释放内心对于坏妈妈的愤怒。每个孩子在分离个体化的过程中都会分裂出一个好妈妈和一个坏妈妈，孩子成长的目标就是去整合好妈妈和坏妈妈，使孩子最终能够接受这个好妈妈也有坏的部分，那个坏妈妈同时也有好的部分，她就是我的那个完整的妈妈。于是，孩子在经历了愤怒、拒绝、抑郁、害怕后，最终会在意识和情绪上完全接纳眼前的这个妈妈。而这个整合的目标得以顺利完成，很多时候都归功于过渡性客体的使用。所以，如果你不想让孩子有那么多的愤怒，比如出现摔打玩具等攻击性行为，就不要给孩子创造出太多的坏妈妈的形象和体验，尽量做一个温和的母亲吧。

您的孩子内心到底将玩具做了怎样的心理投射，现在从有限的信息里其实很难知道。但至少可以了解到的是，您将玩具多少投射成了某种自我的边界，孩子被迫接受了这个投射，而这个投射又不是那么的令人舒服，孩子为此承受了很多压力，才会在"被逼"抢回玩具后感觉到愤怒。也许他想表达的是：这根本就不是我想要的东西，你们为什么硬要让我去夺回来？我讨厌它！一个人生闷气，往往是在生自己的气，生自己无法表达对对方愤怒的气。因此，妈妈需要借此机会思考一下，孩子到底在生什么气，而不是急着让他不生气。而且，处理孩子的情绪，也不是劝说他不要生气或教育他不该生气，而是试着倾听孩子到底在气什么，通过画画、讲故事、做游戏等方式，倾听孩子内心真实的声音。

另外，在处理孩子的人际关系方面，我认为您介入得有些多。我想让您知道的是，如果父母在一些孩子本能的自我功能上介入得越多，孩子的自我功能就会越薄弱，他可能永远都不能在这个问题上获得真正的掌控感。这个是需要您深思的。两三岁的孩子本来就是在整合各种人际体验，体验的丰富性对孩子来说是非常重要的。他在整合了各种体验之后，才会形成自我功能、自我体验，才会找到属于自己的人际相处的方法。所以，建议家长千万不要把自己被侵犯的焦虑投射给孩子，让孩子面对本来不属于他当下需要去面对和承担的情绪，家长只需站在孩子后面，给予他需要的支持就好了。

2

2 岁孩子特别在意细节，容易情绪失控

小孩子 2 岁多，容易因为自己特别在意的细节而情绪失控，而且需要很久才能平息。有时候看到两个水果是长在一起的，就坚决只看不吃；看到游戏里搅拌的动作，冲奶粉时就一定要自己搅拌，家人搅拌好给他，他就会非常愤怒，甚至要把牛奶倒掉。该如何引导呢？

这是一个非常棒的问题，我想从以下几个角度来分析。首先，我们需要理解，孩子对于一些特定现象和物品的想象并非大人意识层面看见的事物本身，比如长在一起的水果不能吃，给孩子的想象也许就是一种不想分离的表达，他赋予了水果一个特殊的心理意义，这些都是需要大人带着觉察和好奇去发现的。

其次，孩子的自主性发展问题。1岁以后是孩子的分离个体化阶段，孩子会有很多自主性的探索和表达，父母需要有充分的耐心去跟随，而不是以大人的思维去批判，要允许孩子的慢，允许孩子的不合逻辑，这是孩子认识世界、建立自己的思维的一个重要过程。在这个年龄段，如果孩子被充分允许表达自主性，他就会顺利地度过这个阶段，从而形成敢于追求自我、知道自己想要什么的良好品质。而如果他的自主行为总是被矫正甚至被批评，那么长大后，他就会发现根本不知道自己喜欢什么，每天只是浑浑噩噩地工作、生活。

最后，我们需要理解一下愤怒这个情绪的产生机理。愤怒的情绪意味着这个个体认为自己是有能力处理当下的问题的，所以才会表现出愤怒的情绪，恨不得尽快把它搞定。如果孩子很容易愤怒，意味着他觉得自己"应该"是有能力的，是无所不能的，这正好折射出孩子当下的内心状态，说明他目前还不能接受自己其实并非如此厉害，而是有很多局限和无力感的。这个时候，孩子强烈地希望能够体验到全能感和自信心，但在实践中却发现自己并不是无所不能的，也是需要父母的帮助和支持的，这样顺利发展下去，孩子慢慢地就能够用平稳和积极的情绪来处理和面对困难。如果父母在这个阶段没有做好，没有充分地让孩子整合这种全能感与无能感，就会导致孩子长大后稍微面对一些困难就容易出现暴怒的情绪状态。

所以，这个时候，父母能做的就是去体会孩子愤怒情绪背后的无力感，允许孩子体验到如果他不行，也是可以被允许的，让孩子感受到你对他的接纳和爱，并且相信孩子会越来越好的，这样他才可能慢慢地消化掉自己的无能感，从而变得平静有力。

4 岁孩子自尊心强，不能接受批评

> 4 岁的儿子自尊心很强，对于别人很委婉的批评、合理的建议，他都会立刻张嘴大哭，否认错误并大发脾气，然后一边哭一边还要攻击妈妈，该如何引导他呢？

首先，我们先从孩子的内心来解析这个事情。

冲动、发脾气，往往是因为孩子内心感受到了无法解决和面对的困难，需要借助"我是对的，你们是错的"这样的心理活动，将内心的无力感投射出去。这时，如果父母不做价值判断，不认为孩子自以为是，不去教育孩子，试图让他把投射出来的东西给吞回去，那么孩子就能越来越多地获得力量感。否则，就会越来越敏感，因为父母反过来投射了很多"你不对""你很糟糕"的评价给他。

我们常常会遇到很多非常教条和严肃的父母，对于孩子的一些行为，他们往往会上升到很高的高度去评价，不给孩子一个自己的心理空间去发酵一些东西。孩子根本来不及体验到羞愧、内疚等情绪，就要忙着去对抗父母是非对错的攻击和评价。攻击和评价来得太快，孩子就会丧失体验自己的行为可能会给他人带来什么后果的机会。

让一个人真正改变某种错误行为的最强动力，是他自发地感受到自己的行为给最爱的人带来了伤害，从而引发的羞愧、挫折和内疚的感觉。而这些感觉是需要孩子自己去经历和感受的，是无法通过外界的指责来施加的。所以，当你认定孩子的行为是错误的，主观地希望他做出改变时，是在施加主观行为，意味着大人已经失去了客观性。这个时候，你不仅试图让对方接受你的主观行为，还要求对方不要有情绪，要愉快地接受批评指正——这是非常难以让人接受的。对于孩子来说，他只能通过愤怒和否认的方式来保护自己的内在状态，否则他就会遭遇内心分裂的危险，很多大人也是如此。

所以，真想彻底改变孩子的这种行为，就需要在他愤怒的时候放下评价，去感受他的无助和羞愧，等待他说出自己感到无助、需要帮助的部分。这样，就可以避开是非对错的思维模式了。我相信，孩子的内心很快就会松下来，不需要去愤怒地对抗什么了。

另外，看您的描述，大人刻意委婉的批评和建议，不正说明大人在心中投射了一个认知给孩子吗？那就是您似乎已经认定了他是接受不了批评的孩子。同时，这也说明大人确实是在攻击这个孩子本身，而不是孩子的这个行为。当然，如果大人心里真的没有攻击，那么也不能排除孩子的内在幻想是被一个坏妈妈所攻击和占据的，这个并不可怕。所以，当孩子情绪激烈、大哭或者攻击妈妈时，大人需要了解的是，孩子攻击和对付的是那个目前心里还无法面对的坏妈妈。

在现实中，如果妈妈可以很平静地等待孩子的情绪过去，接纳孩子愤怒和恐惧的投射，共情孩子，再和孩子确认，妈妈只是在和他谈论事情本身，而不是不爱他，那么孩子内心就会越来越确定，相信妈妈确实是爱自己的，他就越来越能够自如地应对那些所谓的批评了。

4

4 岁男孩被批评后非常生气，却会主动道歉

> 　　儿子马上就 4 岁了，最近发现有时他做错事被妈妈责备时，会不服气，嘴里嘀嘀咕咕的（好像是在说妈妈），有时会躲到卧室狠狠地用拳头敲击几下床，或咬牙切齿地抓床单，然后抹会儿眼泪出来和妈妈说对不起。孩子的表现正常吗？妈妈该如何做？

　　首先，我想普及一下孩子情绪表达的健康等级：最低级的是躯体化，比如生病；高一级的是具有摧毁性、没有章法的肢体行为（即毁灭性的无结构性肢体行为），比如伤人毁物；再高一级的就是情绪化的语言和表情，但并不付诸行动；最高级的是内心消化了情绪后，平静地用语言表达自己为什么有这样的情绪。大人如果能做到最高的级别，孩子就能提高他的表达能力；相反，如果大人表现得很糟糕，孩子会表现得更糟糕。

其次，您的孩子被批评后能够明确地表达愤怒，还能跑回来和妈妈说对不起，这说明孩子通过宣泄释放了情绪，进行了内在的整合，是自我功能良好的表现。不过，参考上文关于情绪表达的几个层级，伤人毁物的付诸行动当然是低级别的表达方式，如果孩子能够学会用语言表达情绪会更好。比如，有些孩子会说我很生气，我再也不理你了，这就是一个结构性的表达攻击的方式，而不是无结构的摧毁性的方式。

最后，从您的描述中可以发现，孩子是不能直接将愤怒释放给妈妈的，这是值得妈妈反思的问题。孩子不能够安全地将情绪投射给妈妈，说明孩子对妈妈是有所畏惧的。同时，孩子最后还过来主动和妈妈说对不起，这个行为对孩子来说未免有些过于成熟和压抑了。孩子出于畏惧而改变自己、委屈自我，这一点是需要妈妈引起注意的。建议妈妈遇到类似的情况时，要好好地去安抚孩子的情绪，共情好孩子的愤怒、害怕、委屈，否则，孩子可能会越来越不能信任妈妈，越来越不能够和妈妈沟通，只会一味地讨好大人。我想这应该不是妈妈希望看到的结果。

5

4 岁孩子任性没规矩

> 我家女儿马上 4 岁了，家人限制她时，她有时会歇斯底里地大喊大叫。如果跟她好好沟通，她就能平静下来。但这种情况总是反复上演。比如今天她想玩别的小朋友的玩具，但人家不允许，她就打人。回家路上，她跟一个小朋友迎面遇上，她上去就踢人家一脚，说人家挡她路了。孩子是被宠坏了吗？该怎么办？

首先，孩子的这种行为并不能定义为"被宠坏了"，相反，这种行为表现应该被解读为孩子还停留在 6 个月内的心理状态，认为世界和外在事物都是服务于我的，是为我而存在的，如果不能为我所用，我就要把它摧毁，无情地进行攻击，同时情绪层面的表现就是歇斯底里地大喊大叫，像婴儿一样大哭大闹。

这里需要区分的是，孩子是一直都有这样的行为表现并且愈演愈烈？还是以前正常，现在突然变成这样了？如果是前者，说明孩子始终都没有走出那个心位（专业上称之为偏执分裂位）；如果是后者，说明孩子是因遭受了某种外在压力和焦虑而导致的退行性行为，退回到她感到曾经安全的位置。

但是，不管是哪种情况，孩子的这种行为都不应该称为"被宠坏了"。相反，这只能说明孩子未曾获得过无条件摧毁一个事物的允许，她的全能感的需求未能获得满足。原因有多种，比如有些妈妈过于抑郁、脆弱，不能经受住孩子的摧毁和愤怒，被打败了；有些妈妈则过于强势，完全把孩子的愤怒和攻击性给压制了。这两者都会导致孩子的全能感体验不足。因此，孩子对世界的憎恨和攻击性非常强，会觉得这个世界是故意不满足自己的需求。这个状态已经不是规矩与不规矩的问题，也不是 4 岁这一阶段的问题，而是早年（1 岁以内）遗留的问题。

如您所述，当孩子在家里歇斯底里地愤怒吼叫的时候，你们用的是讲道理的方式让孩子平静下来，这种做法是缺乏包容和共情的，是在试图抹杀孩子的愤怒。所以，当孩子不能被真正允许和理解时，她会将对母亲的攻击性转移到外在世界，对其他人进行攻击。这一点是非常关键的。父母应该懂得让孩子的攻击性有一个安全的出口，不慌不忙、不抑郁、不愤怒，孩子才能正常度过抑郁的心理位置，会因为担心自己的攻击性伤害了妈妈而自行抑制攻击行为，这样，她才能学会修复和创造，对自己的攻击性行为进行补偿，从而走向成熟。

6

5 岁孩子有烦躁情绪

5 岁男孩，上大班，因生病一个星期没有上学了。今早因上学时间到了，我就把电视关了，让他去穿鞋。他一边走一边说烦死了。我就笑着说，什么烦啊，穿鞋烦还是上学烦？他看我一眼没说话，然后穿好鞋坐在地上发呆。他是在说我烦吗？孩子有负面情绪时该如何引导？

　　首先每个人都会有不同的情绪，喜怒哀乐，这很正常。孩子说烦死了，你没有嫌弃孩子"态度"不好，能够笑着问孩子，我想这一点已经比很多妈妈做得好了。孩子突然被询问后看你一眼没说话，沉默发呆，这是一个非常有意思的心理过程。也许正是因为你的反应出乎他的意料，他应该是对你表示烦的，结果你却善意地回应了他，这让孩子有些错愕，在心理层面，就是看见自己的攻击性被善意接住后引发了内疚感和担心。

而孩子接下来的沉默又被允许，没有被打断，这更加重要和有意思，这就是我们常常说的允许孩子有自己的心理空间，让孩子的自我功能有机会得以发挥作用。这是一个复杂的心理过程，孩子的自我对与妈妈的互动进行内在的分类、体验、解释，从而赋予了人际交往的意义，形成了沟通模式的基础，这就是所谓的自我关联客体，会让孩子走向独立与成熟。

所以，回到您的问题，面对孩子的"负面"情绪，父母该如何引导，我想最佳的答案就是不被卷入，保持客观冷静的好奇，让孩子的情绪"飞"一会儿，别太着急处理。如果去回应，也是带着共情和允许的，不阻断，不判断，让孩子的情绪自由流淌，让他有机会发挥自我功能，去体验和处理复杂的情绪，孩子就有机会发展成为一个人格丰富的个体。

7

8 岁男孩脾气大，争强好胜，以自我为中心

> 8 岁的男孩子容易发脾气，总是以自我为中心，喜欢争强好胜。这是为什么呢？该怎么办？

先换个描述看看：8 岁男孩充满能量，情绪饱满，非常自信，喜欢接受竞争和挑战。这么说，您会怎么看？感觉怎样？您喜欢这样的小孩吗？还是同样让您感觉不舒服？

那么如何来界定这两者的区别呢？又该如何理解孩子的这种特质呢？

首先，可以看出孩子的天赋人格部分，应该属于九型人格分类中的高能量组，这是天生的特质，不存在好不好的问题，只有父母个人喜好的区别。不管怎样，好的父母要学会接纳孩子的天生特质，毕竟

这也不是我们可以改变得了的。

当然，自信过度就变成了以自我为中心，喜欢挑战过度就变成了争强好胜。先不说这个标准很难界定，我想父母在这个点上肯定是感到不舒服才会问这个问题，那么如何理解孩子的情绪激烈呢？毫无疑问，这个孩子的激烈行为和情绪无疑是在试图获得他人的肯定，特别是父母的肯定。

一方面，可以肯定的是父母并没有过度压制和否定孩子，否则他今天也不会有这样的自我能量，也许已经变成了一个脆弱的、没有自信的孩子了；另一方面，父母也许并没有正确地引导孩子看到，他的价值并非来自他的优秀和有能力，否则孩子不必一直试图去证明自己的能力，也不会在遭受挫败时容易发脾气。所以，肯定和欣赏孩子，不是夸赞他有多优秀，而是让他感受到妈妈对他的爱是来自他本身的价值和唯一性。这需要父母真正地学会尊重和读懂孩子，给他很多情感上的共情和理解，这样他才能慢慢地学会掌控内心的那股能量。

比如，当他愤怒发脾气的时候，父母要体会到他内心的挫败和无助，而不是批评他脾气太大；当他争强好胜的时候，父母要体会他内心急于证明自己的焦虑和紧张，而不是批评他太过自我。这样孩子才能慢慢地放松下来，运用好自己的天赋，成为一个内心真正有力量的孩子。

悲伤情绪

7 岁男孩遇到挫折爱哭

> 7 岁男孩遇到挫折和失败总是会哭，家长该如何处理？

人本来就会因为遇到各种各样的人和事而产生各种各样的情绪，孩子也一样。当孩子感到失望、伤心、痛苦时，哭是他最正常不过的情绪表达，也是他主动要求关注的方式。

很多人在面对孩子大哭时，通常第一反应就是阻止，要么斥责、威胁甚至是命令孩子"不许哭"，要么以其他好吃的或好玩的东西诱惑孩子，转移他的注意力，最终目的也是让孩子"不哭"。似乎只要让孩子"不哭"，就能帮他远离痛苦和脆弱。但事实恰恰相反，这么做只会抑制孩子天然的疗伤本能。

父母不能坦然接受孩子的眼泪，原因有很多。在很多文化里，哭代表了软弱，哭的人甚至会被嘲笑，父母也会担心孩子因为哭而变成一个软弱可欺的人。尤其是男孩，常常从小就被要求"坚强""不能哭"。当然，也有人是害怕孩子会哭得一发不可收拾、停不下来，因为这似乎是在暗示做父母的无能。

我曾经听一位完全不能忍受孩子哭的爸爸抱怨说，孩子很任性、矫情，常常因为一点芝麻绿豆大的小事就大哭不止。他举了个例子：有一次，儿子想吃苹果，他帮他削了皮，还切成了片，结果儿子一看直接就放声大哭，因为他想要整个的苹果。爸爸觉得孩子哭得毫无道理，完全就是在无理取闹，于是，他也开始变得急躁起来。表面上看，似乎是因为孩子的哭声很"烦人"，但其实背后还隐藏着父母被哭声引发的恼火、挫败、不安、焦虑、无措等复杂情绪。

因为，不能接受孩子哭的人，往往自己心里也会有很多淤积的情绪找不到出口。这些情绪在最开始产生的时候，就没得到很好的宣泄和纾解，虽然通过逃避或是咬牙坚持一时被压制住了，但它们并没有真正消失，而是藏在某个角落里伺机待发。换句话说，对孩子"哭声"接受程度越低的人，往往隐藏的情绪也越多，这些平时被藏得很好的情绪，特别容易被孩子的激烈情绪所触发。

也许你自己都没有意识到，你之所以这么害怕孩子哭，很有可能真正怕的是孩子的哭声会轻易撕开你的情绪伪装和防线。所以，请允许孩子哭吧，同时，也请透过自己的情绪对自己多一些关心和体贴。

如何和 3 岁孩子谈论死亡

我的外婆是女儿目前唯一见证了生死的老人。但女儿并没有去过太姥姥的墓地，她会问我，为什么人死后要去墓地。我不知道该怎么解释。后来有一天晚上，我给她念松鼠爸爸带松鼠宝宝一起玩的绘本故事的时候，女儿又突然说松鼠宝宝长大了，爸爸要离开她了，要去墓地了。去年和她说起类似的话题，她会不愿意去说，会痛哭，我能够感受到她对和亲人分离的痛苦。但是最近她经常会主动提起关于死亡的话题，甚至听着可爱的故事也会产生这样的联想。我该怎样与孩子讨论死亡这个话题？怎样才能化解孩子对死亡的悲伤？

首先，我们要理解一下悲伤这种情绪的内涵。当一个人体验到自己丧失了一个对自己来说很好、很重要的东西而且深知无力挽回时，我们的内在情绪就会是悲伤甚至绝望的。

那么，对于3岁的孩子来说，死亡就是一种丧失的概念。不过，这个死亡对于孩子而言只是停留在消失的层面，所以当孩子体验到与妈妈的分离时，和体验到死亡是一样的。3岁正是分离个体化理论上的最后阶段，如果孩子顺利完成分离个体化，就意味着孩子的内心储存了一个好妈妈，妈妈的形象内化在了孩子的心中。这样当妈妈消失时，孩子也能够感受到内心的妈妈，而不至于过度恐惧和忧伤。

所以，当孩子年龄还小的时候，是不建议让孩子对死亡有太具象的认知的，不建议让孩子过早接触到死亡的家人、仪式、坟墓等，这些对孩子的刺激可能太大，往往会给孩子带来过度刺激的创伤记忆。孩子对死亡的思维本来就只停留在构建与幻想的层面，所以，大人经常会说，死去的人会变成天上的星星，能够在远远的天上看到孩子，或者死去的人会变成蝴蝶，等等。这样孩子就有了一个想象的空间，能够暂时容纳对死亡的恐惧。等到孩子慢慢长大，对于死亡的理解和认知就变得自然而然了。

同时，当父母和孩子谈论死亡时，自己千万不要有过度忧伤的情绪，否则这个分离情绪会投射给孩子，造成孩子内心的恐慌；也不用因为这样非现实的表达，而担心自己在撒谎欺骗孩子，而是学会跟随孩子游戏化的幻想思维，陪伴孩子慢慢地回到现实。所以，选择合适的主题绘本，是一个不错的选择。

3

孩子非常在意老师的评价

　　小朋友特别在意老师的评价，老师如果夸他了就会开心一整天，老师如果没有表扬他或者批评了他，就会情绪低落一整天。老师布置的任务，孩子会特别认真地去完成。之前也经常听说小孩子都听老师的话，但是喜怒哀乐都和老师的评价关联，孩子是不是太累了？

　　首先，幼儿园阶段的小朋友还处在分离个体化阶段，内心还没有形成一个相对稳定的好妈妈形象，所以，会容易把老师当成自己的妈妈的延伸。这也是幼儿园老师在孩子生命里需要扮演的一个很重要的角色。

　　对于孩子希望被表扬、害怕被批评的表现，一方面，家长要判断是否来自孩子的人格天性。如果是，那么家长首先需要做的就是接纳孩子的这种内心渴望和天生动机，而不要试图去改变孩子，强行让他不在乎老师的评价，这个基本上是很难做到的，而且对孩子寻求认可的动机也会产生一些冲突和影响。

另一方面，家长要做的就是接受。在自我功能还没有完全建构好之前，孩子是很容易被影响的，很多人成年以后依然如此。我们需要看到的另一面是，正因为孩子有这样的体验，才构成了孩子对于情绪的丰富感知，成为他人格丰富的重要基石。父母需要做的，就是共情孩子的情绪，成为他内心的自信源泉，慢慢地，孩子就越来越能够面对批评。

另外，家长自己要反思的是，这个被别人的评价影响情绪的部分、这个太累的感觉，是你投射给孩子的，还是孩子本身的呢？如果你觉得孩子这样是很累的，很替他操心，那么孩子就很可能会变得很无力。所以，家长能否接纳孩子的各种糟糕情绪，这个才是最重要的。想象一下，在孩子产生各种情绪时，有一个永远云淡风轻、面带笑容和理解的人，接受孩子的情绪，相信孩子将来有能力应对这些情绪，对于孩子来说，这是多么幸运的一件事！

5 岁女孩总说自己很孤单

　　女儿快 5 岁了，爸爸妈妈陪伴的时间其实挺多的，每天晚上我们都会一起玩游戏，但她还是会经常说孤单，说"没人陪我玩"之类，要求我生弟弟。平时邀请同学来家里玩的时候，她都很开心，同学的各种要求她都会努力去满足，送玩具啥的都可以。孩子的这种心理状态，父母应该怎么引导？

　　首先，5 岁正是和同龄人互相学习玩耍的阶段，孩子基本完成了与父母的分离。有句话是这样说的：每一个真正长大的人内心是绝对孤单的，因为他已经彻底地知道了父母是父母，自己是自己，所以，他需要接受这个分离。孩子说自己孤单，从这方面来说，是一个不错的呈现，说明孩子内在的焦点已经不在父母身上纠缠了，而是转移到同伴的关系中。

其次，孩子有能力和同伴建立关系，能够邀请同学来家里玩，能够分享自己的东西给小朋友，这也说明孩子的心理发展状态是健康的、正常的。作为父母，要允许孩子表达自己的真实感受。何况孩子还是用语言在向你表达，更加说明孩子发展得不错，因为她没有将情感直接付诸行动去表达。

最后，孩子的这种表达可能也透露出孩子内心感受到的关系的孤独，也就是说，孩子可能深刻地体验到父母是一体的，你们之间是恩爱的，而她自己则是被放下的单独的一个人。她感受到自己并不能成功抢夺爸爸或妈妈，这个时候，孩子就会很希望有一个同盟，比如弟弟妹妹。从这点上说，孩子的心理发展比较健康，在俄狄浦斯期的父母竞争中开始接受妥协，准备放弃争夺了。

至于该如何回应这个阶段孩子的孤独表达，最好的方法就是平静的共情。一方面让孩子理解到妈妈是理解和允许她的情感的，另一方面要表现出你面对孤独的力量感，让孩子不会被自己的情感所淹没，不害怕面对孤独。这样就很好了。毕竟，人生总会有很多不那么如意的事情，需要我们用心去承载和转化，而不是逃避和压制。此外，如果家庭条件允许，建议您给孩子买一个宠物，小动物的陪伴也会让孩子心生寄托，不再那么孤独。

8 岁继女总觉得自己可怜不被爱

你好，继女8周岁，会在爷爷奶奶或其他亲属面前叛逆，会缠着他们买东西，不给买就发疯，甚至还会说"你们都不管我，没有人疼我，你们都不要我"。我觉得平时家人都挺疼爱她，也都满足她的要求，爷爷奶奶更是觉得她很可怜，各种溺爱，她为何还会有这样的感觉？

这个问题可以从两个方面来思考。

一方面，爷爷奶奶觉得父母离异，孩子的亲生母亲离开了她，这个孩子是可怜的。这个觉得她很可怜的信息投射出去，被孩子认同了，孩子就会产生这样的内心状态——我确实是一个很可怜的孩子。既然我是一个可怜的孩子，当然就需要不断地印证我是不是也可以被爱的，是不是有人疼我。所以，面对亲戚和爱自己的人时，孩子会刻意地通过一些行为来验证那个爱是不是真的。给我买东西，满足我的需求，当然是孩子认为的最好证明之一。

所以，要想彻底改善这个状况，需要大人自己先去处理"觉得孩子可怜"的情绪。父母离婚再婚，孩子并非就是孤儿，继母也并非人们思维定式里凶残的后母，这点需要老人家有所觉察。

另一方面，健康正常的孩子也会在自己的需求不被满足时说出这样的话，每个孩子不被满足时都会感受到自己不被爱。我之前说过，如果孩子能够用语言表达出来这个情绪，说明孩子的问题就不算太大。重要的是，大人能否容纳孩子这样的表达，会不会认同了孩子的攻击性，感到自己被侵犯了，孩子不值得去爱了，然后对孩子各种训斥和教育。如果是这样，恰恰印证了孩子投射出去的愤怒和内心的猜想。所以，当孩子出现这种情况时，大人要坚定地做到不去认同孩子的投射，保持一个好的继母的形象，坚定自己内心对孩子是有爱的，是愿意对孩子好的，并不会因为孩子这样的表达而受到影响。慢慢地，孩子就不会那么想了。

总结一下，就是两点：一、大人自己不去投射孩子很可怜的形象；二、大人不去认同孩子投射过来的"我是可怜孩子，你们不爱我"的认知。这样，孩子就会逐渐感受到家庭的关心和爱。

焦虑情绪

1

孩子喜欢推卸责任、埋怨别人

> 孩子上幼儿园大班，最近忽然很焦虑，每次出了错或者未达到期望目标都要推卸责任，不停地怪别人，有时候明明是自己的问题也要怪别人，情绪特别激动。这种情况一般是什么原因造成的？该如何对待？

首先，我们来理解一下焦虑情绪的内涵。焦虑意味着个体想要获得一个好的东西，同时认为自己是有能力获得的，这个时候我们就会想要快点获得，却又害怕或担心自己万一得不到，就会产生焦虑的情绪。

所以，如果孩子内心非常希望自己能够做好，自然就会产生焦虑的情绪，当他发现自己并没有足够的能力达成目标时，就会表现出愤怒和激动的情绪，甚至试图将这种无力感投射给外在的人和物。这种外在的归因方式，是孩子试图保留自己是好的、有能力的内在自我意象的方式。相比而言，总比一个人觉得自己什么都不行、什么都不好，整天自责抑郁要好得多吧。

至于用"推卸责任"这个词来形容孩子，就是典型的大人的投射。这么小的孩子并没有"责任"的概念，孩子如果突然变得很焦虑，大人最需要关注的就是孩子遇到了什么样的困难，是他无法自我消化的。妈妈的功能之一就是帮助孩子反刍他无法消化的情绪感受，让他感觉这件事、这种情绪并没有那么糟糕，是可以用具体的语言来体验、描绘和处理的。这样，孩子就能够淡定地处理和面对。孩子的这种行为并不是"推卸责任"，只是代表他需要把内心还无法处理和面对的情绪投射给别人。当孩子平静下来，接纳了自己的情绪，再让他看到这个过程发生了什么。孩子内心其实很清楚是不是别人的错。所以，父母需要有足够的耐心去看到这个真相，孩子才能学会正确地面对和处理自己的挫败。

② 孩子不回答问题，不肯说话

> 女儿上二年级，每次辅导作业都要陷入僵局，经常会突然抗拒回答问题，抿着嘴咬着牙，就是不回应。平时也引导她，告诉她事情如何做，不会做就问，也给她分析过为什么父母会"收拾"她，但是没有改善。怎么办？

看到您简短的文字描述，我都能强烈地感受到孩子在这个当下所承受的被入侵的压力，你完全是在成人的当下看待孩子的学习和行为。就事论事，是很多大人避免面对复杂的情绪而发展出的防御方式。毕竟，情绪很复杂，而事情很简单。道理嘛，谁都明白，也都能讲得头头是道；可情绪，就没有多少人可以做到很好地控制与处理了。

人的大脑分为两个部分：一个是理智系统，也叫意识系统；另一个是本能系统，也叫无意识系统，负责基本情绪及各种原始的本能反应。出生时，人的大脑就已经完全具备了各种情绪产生的机制，而理智大脑却要到 25 岁左右才算基本发育完成。同时，每个人处理情绪的方式无外乎两种：一是自我调整，二是得到他人的帮助。对于孩子来说，他的理智大脑还未发育成熟，当陷入情绪时，他们是很难自我处理的，只能通过获得他人的帮助来疏解情绪。

这里就需要提到一个概念——"容器"。也就是说，大人需要成为孩子情绪的容器，容纳孩子的情绪。经过父母的处理后，再以孩子能理解和接纳的方式与程度，重新呈现给孩子，这样，孩子的情绪就通过投射给父母这个容器得以缓解和处理了。

再来看您的做法，如果您一味逼迫她要在情绪中说话，做出理性的回应，试图通过说教和惩罚让孩子走出情绪，这是不可能做到的事情。孩子出于对外界的恐惧，选择了僵直的反应机制——抿住嘴，拒绝说话。这是一种非常典型和常见的防御方式。在这一刻，孩子内心是高压锅的状态，是承受着巨大的压力的。可惜，这个时候您还将她的出气孔给堵上了，孩子怎么可能恢复冷静呢？她的内心是在翻腾的。

所以，如果您想让孩子能够很好地和您对话，您首先要做好这个容器，将孩子无法表达的紧张和恐惧容纳、处理好，而不是继续增压。应对方法其实很简单，和孩子一起玩一个简单的游戏，瞬间就可以让孩子恢复放松的状态了。

如何处理 4 岁孩子的创伤性焦虑

> 　　4 岁女儿每周二下午学英语，夏天报了同一个机构的暑托班，周二暑托班结束后继续上课。有天因晚了一点去接她，她跟着当天上课的同学进教室，结果发现没她名字。老师叫她出来，她就大哭。之后每次上课都会大哭，可见是那天造成的心理阴影，不知怎么引导。之前她很喜欢上那个课的。

　　人在成长过程中都会经历大大小小的创伤，您提到的这件事就是如此。在学校被老师一不小心给"创伤"了，导致孩子对这件事的预期性焦虑反应，这就像经历了地震的人，总是会害怕再次经历地震。

　　那么该如何有效地处理孩子的创伤体验呢？最好的方法就是让孩子在安全的游戏环境中将创伤的过程表达出来，用孩子喜欢的方式，不管是绘画、讲故事、沙盘，还是以表演的形式再现。我们需要为孩子提供这样的选择空间和机会，孩子就能够在游戏中寻找到适合自己的方法去应对那个应激事件。

另外，我们也需要看一下孩子内心可能在发生什么，孩子为什么会被这样的事件所创伤。从您的描述看，孩子可能在经历体验一个人被排除、被抛弃的感觉，没有同学，也没有妈妈，没有熟悉的人和自己在一起，这可能唤起了孩子强烈的关于分离的孤独体验，是一种典型的依恋恐惧，导致孩子暂时的退行。这也说明孩子在分离个体化这件事情上并没有顺利地发展完成，才会在类似事件发生时产生这样的激烈反应。

同时，哭是孩子退行的反应，也是孩子表达内心恐惧的需要，所以，先允许孩子哭一会儿，妈妈只要抱着孩子，抚摩孩子的身体，共情地回应她，可以让孩子慢慢平复焦虑的内心。不要试图讲道理让孩子别哭，或者让孩子去理解老师，这样做是无济于事的。

恐惧情绪

3岁女孩害怕喷泉

> 3 岁女儿，看到喷泉就躲，哭着说不要靠近，应
> 该如何引导？

　　小孩有被喷泉伤害或吓到的经历吗？如果有，那么就需要处理现实层面的恐惧情绪。这个比较容易。有机会的话，大人可以带着她一起玩玩喷泉游戏，比如大人冲进喷泉里跳舞，引导孩子跟随进来，直到她快乐大笑就好了。这是一种脱敏层面的行为疗法。

如果孩子是无缘无故地害怕喷泉，现实中并没有和喷泉接触的体验，那就是象征层面幻想世界里的恐惧了，父母就很难知道孩子到底将喷泉幻想象征成了什么。毕竟3岁的孩子是无法用语言表达出来的，只能通过专业的投射游戏治疗，比如沙盘、绘画等，等待孩子呈现出那个问题，孩子一定会在游戏中自己解决那个问题的。

3岁正好是肛欲期的发展阶段，这个阶段的小朋友有非常多的大小便方面的攻击性幻想，喷泉很有可能是一种尿液的攻击性幻想，毕竟两者在形象上是非常相似的。那么，她的恐惧和躲避也很有可能是对内心的攻击性幻想的抑制，因为看见喷泉会让自己潜意识中用尿液去攻击父母的攻击性被激活，从而产生意识层面的回避行为。这个需要通过相关的儿童精神分析来使之意识化，从而帮助孩子释放这种恐惧情绪。

3岁孩子害怕扫地机器人

娃3岁，去年底家里买了一个扫地机器人，每次孩子看到机器人在扫地就会躲到沙发上，还自言自语："机器人不会咬人的，机器人不会咬人的。"我们尝试着让她在机器人不工作的时候去抚摸机器人，她偶尔才敢碰一下。这个和胆量有关吗？如何训练她的胆量呢？

我们在前文中曾提到，6岁以内的孩子会有很多的幻想，内心会将父母带来的挫折分裂成是坏爸爸坏妈妈干的，而孩子在内心是很难面对那个坏爸爸坏妈妈的，于是就会把他们投射到外界的事物上，比如黑暗里的魔鬼、电影里的怪兽、外面的坏人，当然也可以是家里的扫地机器人。很多孩子对机器人之类的会动的东西都是充满恐惧的，特别是虫子，基本上是人类集体无意识的共同恐惧。

孩子的心理运作机制就是，将内心的恐惧投射出去，投射到一个自己可以了解、可以主观避开的外在具体事物，这样他通过避开那个让他害怕的东西，感受到自己的主观掌控感，从而避免感受到内心的恐惧。同时，孩子关于机器人不会咬人的自言自语，也是一种明显的否认的防御机制，就像我们成人面对巨大的无法承受的恐惧时，也会通过否认的方式告诉自己不会怎样怎样。一旦这种防御机制被启动，往往令人丧失基本的理性判断。

所以，大人要试着了解孩子的心理机制，了解孩子的内在幻想世界，用游戏的方式接近孩子的潜意识，从幻想的角度去理解孩子、陪伴孩子，而不要认为孩子的行为是荒谬的，认知是不可理喻的，更不要觉得孩子是胆小的，试图让孩子变得胆子大点儿。相反，您要学会和孩子一起游戏。既然她说扫地机器人会咬人，那就顺着她的意思，自己扮演一下那个会咬人的扫地机器人，也可以邀请她给扫地机器人来个大变身，将扫地机器人打扮成一个可爱的东西，慢慢地让她和机器人成为朋友，这样会非常有助于孩子的自我发展，有效增强她应对内心恐惧的能力。

3

4 岁男孩很胆小，不喜欢和人有肢体接触

男孩子4周岁了，但特别胆小，不喜欢和小朋友玩，不喜欢和别人有任何肢体接触。该怎么培养锻炼？本来给他报了个口才班，结果孩子哭着不愿意和小朋友坐一起，每次去就一个人坐门口。好着急，不知道该怎么锻炼他。

这个孩子喜欢和妈妈有肢体接触吗？一个孩子从小拒绝肢体接触，一般是因为在婴儿早期长期没有获得养育者正常的接触和拥抱，甚至在孩子渴望拥抱时被父母无情地忽视和拒绝，才会导致孩子对肢体亲密接触的排斥和恐惧。比如有些孩子出生后因为身体状况被放进暖箱，无人回应。对孩子而言，对肢体接触的抗拒，是在防御内心感受到因为对亲密关系有渴望而引发的深层焦虑和恐惧。在孩子的内心中有着深层的认知，他觉得这个世界和人是不安全的，是不值得信任

的。父母需要看到的是，这并不是孩子的错，更不是孩子胆小不胆小的问题。一个被吓呆而没有被安抚的小孩，是不可能投入生活和游戏娱乐中的。

父母如果想改善这个问题，绝对不是把孩子推出去参加什么训练。因为即便孩子看上去克服了恐惧，也不过是形成了假性独立的心理防御机制，内心的恐惧是无法被真正消解的，甚至会造成更大的心理创伤，迟早还是会在未来的亲密关系中体现出一定问题的。建议父母尽早带孩子做一些游戏治疗，释放内心的恐惧和焦虑，同时，对孩子多些耐心和温柔的理解，比如多一些睡前的肢体抚触等，让孩子体验到真正的与人接触的安全感，对人际交往的恐惧自然能够得到一定程度的缓解。

如果孩子对父母和熟悉的大人都不抗拒肢体的接触，只是害怕小孩子，那么需要考虑孩子是不是被同龄小朋友欺负过？或者家里有没有哥哥姐姐或弟弟妹妹，和他们的关系中是否有很多冲突？因为这些冲突也经常会成为孩子害怕小朋友的原因。

如果这些都没有发生，我们就要考虑幻想层面了。在英国精神分析师克莱因的一本儿童精神分析治疗的书中就有这样一个案例：小男孩极度恐惧和害怕小孩，因为在他的幻想世界里，那些小孩就是他曾经攻击过的母亲身体里的小孩，他们是到现实世界中来报复自己的。所以，以上这些都有待进一步的分析和澄清。

4 岁孩子总是说"我不会"

孩子 4 周岁了，平时在家里陪他一起画画或捏泥，他很高兴，但总是说他不会，让大人帮忙。今天准备给他报个美术班，让老师引导他画画，但他还是说不会，而且看上去很不高兴。没办法，我征求他的意见后就只能带他回家了。回家的路上，他还对我大声说："为什么要画画，我不会画，我讨厌画画。"

这是孩子内心对即将做的事情感到害怕的心理表现。如果追溯孩子为什么会这样，一方面可能是孩子天性胆怯，另一方面可能是孩子两三岁时的自主性受到了抑制——什么都不让孩子自己做，或者他做的东西总没有得到大人的肯定和鼓励，孩子就会变得羞怯，缺乏自主性。不论是前者还是后者，这个时候都需要去体会孩子的焦虑情绪，但往往大人会有以下几种错误的反应方式。

1. 不行算了，我们回去吧。这种反应会形成孩子面对恐惧的逃避模式，恐惧不但不会减少分毫，下次依然会出现，同时还会加剧孩子内心对于逃避的挫败感和内疚感。

2. 急躁地质问孩子或羞辱孩子，说"你怎么这个也害怕""你胆子怎么这么小"等。这种反应会导致孩子情绪崩溃，恐惧的情绪只会加剧，而不会有丝毫减少，孩子会变得越来越害怕。

3. 鼓励或逼迫孩子必须上，硬着头皮上，对孩子说咬咬牙就过去了，或者强制性地让孩子不准哭，不准说不行。这种行为会导致孩子形成咬牙强忍住情绪的模式，势必有一天会导致情绪崩溃的。

这几种行为反应都对孩子改变羞怯的内心和行为状态毫无帮助，建议家长以下面的方式应对。

共情孩子的害怕、焦虑。每次当孩子说不会时，不要说"宝宝肯定会"之类的话，而是直接对他说："我知道你说自己不会，是因为担心做不好，没有关系，不管你做得好不好，妈妈都会陪你，和你一起面对。"然后陪着他一起做。

妈妈可以自己先动手做，"轻推"一下孩子，请他帮忙递个东西。只要他开始了第一步，妈妈就可以自然地退出，让孩子做主导。并且不要和孩子仅停留在语言层面，去描绘过远过难的目标画面，这会导致孩子始终停留在恐惧的想象状态里。要让孩子自己决定，需要妈妈待在什么样的距离里陪伴着他。慢慢地，当孩子度过那个恐惧的临界点后，他就能够自然地去活动、学习了。

其实，面对自己不会的事情，孩子内心会经历着巨大的冲突：一方面想表现好，赢得爸妈的爱；另一方面又对于可能表现不好过于恐惧，内心充满焦虑、冲突和害怕。这时候，就需要大人帮助孩子走出情绪的泥沼，而这个过程需要大人的充分理解与耐心包容，而且需要在很长一段时间内一次又一次地重复安抚才可以做到。

5

7 岁女孩胆小不懂礼貌

> 我家女儿7周岁，马上上二年级了，我觉得她越来越胆小，上不了台面，而且不懂礼貌，每次让她叫人，她只是不好意思地笑一下，在陌生人面前都不敢说话。该怎么办？

上不了台面被认为是胆小，不好意思叫人被说成不懂礼貌，我想，作为孩子的妈妈，您需要检讨和学习的地方真的很多。

首先，您看不到每个孩子都有不同的人格天性，比如，我的二女儿天生性格就如你所描述的那个样子，小时候比较羞怯，而大女儿天生就大胆、大方，是学校的小名人，那我该如何去面对这种现象和差异呢？这个真的不是在给您灌鸡汤，说一些应该尊重孩子、鼓励孩子之类的话，而是需要您去好好学习一下关于孩子天赋人格的内容，去

对于同胞竞争，父母需要注意的是，不要秉持大的就需要让着小的、小的就应该被特殊照顾等养育理念，这会造成老大的被遗弃感，也让老二难以学会良性的竞争与合作。

　　在孩子们发生冲突时，父母要尽量体会每个孩子内在的情绪，而不要卷入对错是非的评判中。所有的规则可以通过家庭会议的方式提前制定、细化，让孩子们认识到每个人都有自己的权益，都需要被尊重。

建议父母调整自己的视觉焦点，给孩子更多的包容、允许、鼓励和支持。当孩子的内心体验到足够多的被肯定，他自然会过渡到下一个阶段，明白自己原来并不需要无所不能。那时，孩子的内心也才能够接纳那个不太优秀的自己，从而学会谦卑地对待别人。

了解他们的行为意味着什么。您所谓的胆怯其实只是孩子对于陌生环境的害怕和恐惧，一旦父母告诉她，妈妈会陪你在一起，无论发生了什么，妈妈都会和你一起面对和承担后果的，然后带着孩子一点点地去参与，再慢慢地放手，你会发现，突然有一天，她会变得非常自信，敢于去表达自己了。

我们从来不批评孩子的胆小或者不懂礼貌，而是要深刻地看见孩子的人格特质，尊重和欣赏他的优秀之处，比如理性、细腻等。同时，也要让孩子身边的大人都了解孩子的天性，一起去爱护孩子而不要去指责孩子不懂礼貌，或者硬逼着他和大人打招呼。否则，孩子一定会在你的评价中变得越来越胆小、退缩的。

另外，除去天性胆小的缘故，如果孩子以前做得都很好，后来却变得怕生，越来越胆小，那么就要考虑大人平常对孩子的鼓励够不够，表扬多不多。父母首先要做的，是将目光焦点从胆小这个点上彻底移开，因为那样不会带来任何正向发展的可能，而是要直接、正面地鼓励并加以肯定，假以时日，会取得好的成效。

二孩问题

随着国家生育政策的放开，越来越多的二孩家庭诞生了，随之而来的同胞竞争问题亦把无数家庭弄得鸡犬不宁。父母该如何看待兄弟姐妹间的打打闹闹？同胞之间的各种关系应该如何处理？这些问题背后到底有着怎样的心理动因？

二孩出生，如何兼顾两个孩子

> 　　老二是男孩，刚出生几天，家婆欢喜得不得了。家里还有一个准备上小学的哥哥，但哥哥不喜欢弟弟。家婆为了看小孙子每天往医院跑，留下哥哥和公公在家，哥哥晚上跟他婶婶睡。出院后，我应该怎样照顾两个小孩比较好？

　　首先恭喜您喜添宝贝。这个问题确实非常及时和重要，如果哥哥在弟弟一出生时就不喜欢他，说明你们之前的工作没有做到位，没有把哥哥转化为重要的照顾者之一，没有让他感觉到自己的哥哥身份其实是非常重要和自豪的。这点你们已经错过了，希望其他正准备生二孩的妈妈们务必注意。

　　这个阶段对于妈妈来说真的非常重要。在客体关系大师温尼科特的理论中，新生儿需要母亲几乎全部的心力去照顾，需要母亲原始母性的全情投入。也就是说，妈妈至少要有两三个月和新生婴儿融为一体，这样新生儿才能建立起对这个世界最基础的安全感，才能在未来免于出现重大精神疾病的可能。

而另一方面，大宝在这个阶段毫无疑问会强烈感受到妈妈的"丧失"。这种丧失体验是莫名的、说不清楚的，却非常真切和重大，需要引起家庭成员充分的关注。其实在妈妈怀孕后期，大宝就已经不可避免地感受到妈妈对自己的精神灌注不像以前那么多了。所以，这个时候特别需要其他家庭成员尤其是父亲的补位。一方面，要让孩子感觉到自己依然是有人疼爱的；另一方面，也有助于借此机会促进和母亲的分离，与父亲建立认同和同盟关系，这是非常重要的机会。

至于家庭中的其他成员，最佳的做法是让妈妈自己照顾新生宝宝，不要过多介入，对妈妈给予适当的照顾和支持就好了。保持新生儿养育环境的安静和不被打扰非常重要。这个打扰包括家里其他成员各种关于养育的建议和打断，甚至出现剥夺妈妈的养育权利等行为。降低这个家庭其他成员对新生儿的养育干扰，也是构成孩子未来心理健康很重要的基石和条件。

所以，简单来说，就是让妈妈照顾新生儿，让父亲介入照顾大宝，其他家庭成员照顾妈妈。这对两个孩子来说就是最好的养育环境了。

父母如何应对孩子之间的竞争

多子女的家庭中，兄弟姐妹之间为什么会有羡慕嫉妒？哪怕成年以后自己成家了也还是会互相攀比？父母与子女之间会有恨吗？比如，父母总会说：我们小时候怎样怎样，我为你付出了多少，结果你这么回报我。

同胞竞争是存在于人类集体无意识中的，哪怕是独生子女，当父母表示喜欢小区里或亲戚家的孩子时，一样会激发小孩子的竞争意识，这是很正常的，也是一种向上的激发人类前进的动力。同时，这种竞争的背后是对于获得更多的爱的渴望，也是害怕会失去对方的爱的防御。这种同胞竞争，对于一些心理发展得不是很好、还没有形成自己独立人格的人来说，往往会持续终生。

父母与子女之间当然也存在着巨大的恨，虽然很多父母并不认同这一点。好的父母应该能够看见并接纳自己对孩子的恨。比如孩子彻夜地哭闹，让你没时间休息；不停地打扰你，要你陪着，导致你不能做自己的事情；对你的付出没有感恩，还经常说要离家出走；等等。这些都会激起父母作为一个人正常的恨。同时，孩子对父母的恨也是一样，无数次不被满足，被父母训斥、逼迫，做自己不喜欢的事情，孩子的内心当然也是有恨的。这些都是一定会存在的，就像夫妻之间都有过无数次想要杀死对方的冲动，孩子和父母也都想象过自己能有一个别人家的父母和别人家的孩子。

所以，健康的关系是整合了爱与恨的关系。既能看到对对方的爱，也能看到对对方的恨，对方在自己心目中是一个完整而立体的存在，是去除了所有理想化后平实的存在。否则，就会出现您上面所描述的那种常见的父母对孩子的抱怨话语。对一个人失望的抱怨，无非是因为背后有着一个对对方理想化的巨大期待的落空。

3

两个孩子为了争夺妈妈的注意力，总是打架

> 为了吸引妈妈，老大做啥老二就做啥，老大说啥老二也说啥，我一直试图公平对待两个孩子，但时常不尽如人意，然后就是各种"厮杀""互虐"，往往需要严厉制止其中一个才能收场。怎样去平衡老大和老二之间的夺母情绪呢？

同胞间的竞争打斗是再正常不过的事情了，也是二孩家庭一个直接的好处，就是让两个孩子都懂得要激发自己的努力才能获得想要的东西，他们的竞争力和生命力相对来说要比独生子女强劲，同时他们也会很早就进入三元竞争关系，而不会一直停留在和妈妈的共生关系里。从这个角度说，二孩家庭对于孩子的成长是有着非常正向的积极意义的。

父母面对这样的情况往往会情绪失控并加以干预的原因主要有两个：一是无法忍受冲突争吵，二是担心孩子们不小心造成身体上的伤害。但这种情况不是通过父母的担心或阻止就可以避免的。因为伤害往往不是发生在正常的打斗间，孩子的力气和行为并不至于造成伤害，大的伤害往往是意外导致的。既然是意外，那么也就不是通过小心可以避免的，这里面偶然的成分占据了主导。

所以，父母能做的，就是尽量处理好自己的情绪，看到自己有安静地休息或独处的需要，尽量有意识地去满足自己的需求。在对待孩子们的冲突问题上，父母要尽量公平地对待，让双方都为自己某个不妥当的行为向对方道歉。当然，三四岁的孩子是没有什么对错观念的，只有妈妈爱不爱我、爱我是不是更多一点的想法，所以，对于他们之间的"争斗"，建议妈妈尽量放松，在没有人身伤害的情况下，不用介入太多，相信时间会是最好的处理方案。妈妈只需要严格规定不能有某些方面的伤害行为，比如打对方的头、拿东西伤人等。也可以专门挑一个时间，和他们玩一个叫"推倒巨人"的游戏，让大宝站着不动，让小宝去试着推动大宝，然后父母站着不动，让大宝来试图推倒父母。这样就可以让他们知道，不要去欺负弱小的人，因为一定会有一个比你更强大的巨人在你的身后。

同时，我会建议父母提前告知两个孩子，面对对方的挑衅和侵犯时，可以怎样更好地应对。谁这样做了，就会获得妈妈的奖励。最好将奖励公示出来，比如贴在墙上的星星，这样会让他们开始建立良性的竞争关系，避免很多冲突。同时，父母要安抚那个暂时落后的孩子，而不要去惩罚孩子。因为惩罚会让孩子有更多的怨恨，也会创造更多的冲突行为来试探妈妈是不是还爱我。父母还可以经常邀请孩子们一起玩枕头大战的游戏，帮助他们释放攻击性，同时在游戏中建立好的手足情义。

另外，父母也可以经常创造一些机会单独陪伴一个孩子，然后和父亲说好，让他单独偷偷地带另一个孩子出去，然后和孩子在一起时，分别告诉他们这是我们的秘密，千万不要让另一个孩子知道。所以，妈妈们在二孩问题上还是需要有很多的觉察、放松、策略和游戏精神的。

4

大宝"讨厌"二宝

女儿刚上小学一年级，家里有个刚刚 2 岁的弟弟，平时姐弟俩关系还算融洽，可是每次我批评她学习上的问题，她总会迁怒于弟弟，还会说很多狠话，什么不要弟弟再回来了、把弟弟扔掉、把他脚打断让他去要饭之类的，听得我心里毛毛的。

两个孩子相差三四岁，也就是大宝三四岁的时候二宝出生。这个年龄对于大宝来说，正在经历幼儿园的入学分离，也就是我们平常说的第三大分离与丧失事件——第一次是出生，第二次是断奶，第三次就是上学。而这个时候二宝又出生了，把妈妈的爱给夺走了，更加强了孩子内心的丧失体验。这个丧失的痛苦对孩子来说，不亚于妈妈的死亡或消失所带来的痛苦。孩子在这个年龄是无法理解自己为什么要和妈妈分开去一个陌生的幼儿园的，于是二宝的诞生正好给孩子找到了一个看似合理的理由：是因为这个小家伙夺走了妈妈的爱。所以，大宝对二宝的愤怒是大人无法阻止的，基本上所有的大宝都会对二宝充满愤怒和攻击性。他们在无意识中认为，自己所有的不幸都是因为弟弟或妹妹的诞生而造成的。

大宝和二宝之间的竞争是一个永远存在的话题，也是很多父母为之头疼的话题。二宝的诞生对于大宝来说，等同于父母的丧失：从怀孕初期妈妈保护肚子不让大宝碰到，妈妈不能像以前那样随性地拥抱大宝，到二宝出生之后妈妈全神贯注于二宝的喂养，再看到二宝全天候地被妈妈抱着，自己却要去做作业等烦人的事情，对大宝来说，是不可能有好心情对待二宝的。所以，不论两个孩子相差几岁，他们之间都会存在这样的竞争与嫉妒，只是程度不同而已。要避免这个竞争与攻击，是不太可能的。

而这个时候，大多数家庭的父母会出于对小宝宝的保护而有所偏袒，毕竟弟弟或妹妹的小胳膊小腿是经不住哥哥姐姐没有轻重地对待的。父母可能会对大宝进行指责教训，甚至身体惩罚。而父母的这些行为又进一步地加剧了大宝的愤怒，坐实了他内心的假设，而且这些愤怒一般是没有机会释放的。

那么，父母该如何看待孩子的愤怒呢？如果大宝能够在妈妈面前用语言表达出这个愤怒，这就是一种很安全的释放愤怒的方式。孩子说出来，不代表就会付诸行动，但如果妈妈过度理解，将孩子的语言理解成道德和犯罪层面的意义，孩子的意图和行为就会被强化，因为看上去他可以用这样的行为得到妈妈的关注，夺回妈妈的注意力。所以，父母一方面要去理解和共情孩子的愤怒，体会他内心的丧失感带来的失落，淡化他语言层面的攻击性表达；另一方面，可以让孩子感到你特意给了他一些特殊的照顾和爱，比如单独带他出去玩，这会极大程度地满足孩子对爱的竞争与需求。

另外，如果父母看到大宝特别照顾二宝，对弟弟妹妹特别好，那很可能意味着大宝为了讨好妈妈而委屈自己，制造出了一个假性自我。家庭看似幸福，一团和气，风平浪静，但父母不要高兴得太早，这对两个孩子来说都不是什么好事——大宝失去了自己真实的攻击性的部分，从而失去很多生命的动力；二宝失去了自己的竞争的部分，失去了一个体验和学会竞争与合作的绝佳环境。

对于二宝而言，被哥哥姐姐攻击的同时，一定也会被哥哥姐姐照顾和心疼的，这样的关系才是真实和健康的。很多时候，妈妈担心的是二宝被伤害，其实妈妈多虑了，这只是妈妈自身很多不安全感的投射。对孩子来说，没有真正的敌人，没有语言中那些坏的评价，他们只有喜欢和不喜欢。而且，不管之前发生了多大的冲突，他们都能转身就和好。而父母的介入往往错误地将他们的冲突导向了现实，给他们贴上了对错的标签，导致其中一个心理失衡。当然，在二孩家庭中，被批评的那个往往是大宝。因为有年龄的对比，我们总是不自觉地去偏袒小的。于是，大宝的心里就会累积更多的愤怒，累积更多的关于"妈妈不爱我更爱二宝"的论断。从这个意义上说，是妈妈一手导致了大宝更多的攻击性行为。

所以，如果想让二宝避免被更多地攻击，唯一的办法就是补偿大宝被剥夺的爱，看见并共情他的心理情感，给予他更多的爱。同时，学会接纳二孩家庭需要面对的现实处境。其实，现实往往没有你想象和担心的那么糟糕。

此外，关于孩子的那些攻击性语言，看上去是比较成人化的语言。父母需要思考一下，这些是不是平常你们批评和惩罚孩子时所用的语言。如果是，建议父母马上停止这样的语言惩罚，不仅因为这种表达方式会被孩子习得，更重要的是，这些表达都是非常典型的会令孩子感觉到强烈的被抛弃感的糟糕语言，建议马上停止。

条件允许的话，父母也可以带孩子去做做儿童游戏治疗，通过沙盘等游戏，帮助孩子将内心无法掌控的现实变成一个可视、可掌控的东西，从而在无意识层面直接处理掉因丧失而带来的愤怒情绪。

最后，推荐妈妈陪孩子看看《宝贝老板》这部儿童电影，让孩子获得关于手足竞争的深层理解。

5

要求孩子礼让他人对不对

弟弟（我儿子，6岁）和姐姐（侄女，7岁半）都喜欢吃鱼卵。一天晚上吃鱼，有鱼卵，我给儿子夹了一点，剩下的全夹给了姐姐。我教儿子的是能吃多少夹多少，吃完再夹，而姐姐因为是客人是受到优待的。但是，一个夹一点，另一个全夹，这种差异化的教育会不会对小朋友有影响？孩子如果有负面情绪应该怎样疏导？

传统意义上，我们肯定是希望孩子养成礼让他人的美德，但从心理发展的角度来说，我们会认为，如果一个人自己没有被充分满足，内在本身是匮乏的，他是做不到善意的礼让的。那样委屈自己，未必会有一个好的人际关系，因为，那个不舒服的情绪，那个"凭什么我不能吃"的抱怨伴随着愤怒情绪，会一直存在的。就如大多数孩子的成长过程一样，我们在小时候被父母礼让、照顾和满足着，长大了，我们才会和父母一样礼让和照顾我们的孩子，这样一代代地传承下去，形成爱的传递。

这件事还涉及公平的问题。两个同龄孩子的问题，我一向建议父母要学会让孩子们自己去处理。孩子们会形成自己的竞争与合作的规则，不建议父母主动、单方面地要求一个孩子礼让另一个。毕竟对于小孩子而言，感受到自己是重要的、是值得被公平对待的，对他自我价值感的形成是非常重要的。分享应该建立在短时或未来可以获得回报的基础上，孩子也只有在先获得了拥有的满足感后才会懂得真正的分享。

暂时放下那些所谓的谦让、我比你大就应该让着你的观念吧！孩子的竞争就是竞争，他们自己会从这些冲突中学到很多重要的东西，比如合作，比如分享，这都是需要孩子自己在人际关系中完成的体验和实践，不应该、也不需要被父母人为地阻断。

同时，这也是一个很好的教育机会，让孩子看到并懂得不同的家庭会有不同的教育方式、价值理念，不评判对错，让孩子学会尊重、理解、分享，并根据自己的意愿与需要做出选择。这将是一个非常好的了解孩子、增进联结的机会，也是一个非常好的让孩子懂得尊重差异、接纳差异、学会包容的机会。

如果孩子因为父母的一些做法产生不舒服的情绪，最好的办法当然是用游戏的方式"玩"出那个问题，通过游戏让孩子表达出感受和想法。如果孩子有明显的情绪，父母要学着接纳情绪，而不是一味地强行灌输给孩子你认为正确的价值观，强迫孩子去谦让他人，这样无疑会让孩子产生更多的愤怒、委屈、不公与低价值感。

人际问题

孩子之间的冲突总是让父母着急上火，很多父母整天跟在孩子后面赔礼道歉，或者恨不得冲在前面替孩子解决各种麻烦；有的孩子天生是领导者，有的孩子总是扮演跟班的角色……父母该如何看待孩子成长过程中的各种人际状况呢？孩子的行为背后到底有着怎样的心理动因？

1岁多孩子抢东西时爱咬人

1岁半的女宝，和小朋友争东西时会咬人。这是为什么？应该怎样制止？

1岁半正处于马勒的婴儿发展理论中所提到的分离个体化的实践阶段，即将进入整合阶段。这个阶段的孩子需要体验到自己的全能力量感，什么都想自己来，同时也必将体验到自己并非是全能的而产生的抑郁和挫败感。孩子的发展任务是将这两种情感充分体验并进行整合。所以，这个阶段的孩子会表现出躁狂和抑郁的双向状态，行为上非常矛盾，有时想要离开妈妈独立做很多事情，有时又表现出比以前更黏腻妈妈的状态。你想抱他、帮他，他又拒绝；你不帮他、抱他，他又很生气，经常会让父母们抓狂不已。

父母需要了解孩子在这个阶段所经历的心理发展，给予孩子更多的耐心和包容，允许他需要你，也允许他不需要你。大概孩子到 2 岁后，这个阶段就过去了，孩子会倾向于比较稳定的状态，只是偶尔会需要黏腻一下妈妈，充充电就好了。

理解了这个心理状态，我们再来看孩子的咬人行为就比较容易理解了。咬是动物的本能，也是人类攻击性行为最直接的表现，是口欲期阶段孩子最直接的行为表现。孩子从撕咬妈妈的乳头开始，就在不断地用嘴巴表达本能性的攻击行为。1 岁半的孩子刚刚走出口欲期，只要遇到压力，可能立刻就会退行回口欲阶段，用自己最本能的方式来表达愤怒。所以，很多孩子在发生冲突和受到威胁的时候，都会直接本能地去咬人或推人打人，就像拳王泰森在情急之下咬对手的耳朵一样。

所以，对于孩子争东西咬人这个行为，父母不用过于担心，也不要放大这个问题，更不要用成人的道德观来审视孩子。父母首先要处理好自己的情绪，回家再慢慢教育孩子。当然，跟在孩子后面给其他孩子或孩子的家长道歉是需要做的。重要的是，父母不要因此给孩子过大的惩罚，那样只会增强她的愤怒，同时也人为地挫败了她的全能感发展需要。需要注意的是，讲道理对这个年龄段的孩子来说基本上是无效的。

对这个年龄段的孩子来说，有效的处理办法永远都是游戏，比如找一本关于孩子咬人的绘本和孩子一起看。这样的绘本很多，父母也可以自己编一个，让孩子通过故事体会到原来咬人会有很多坏处，比如会把自己的牙齿弄掉了，会让细菌虫子爬进自己的嘴巴里，等等，让孩子形成直观的画面感。此外，也可以用角色扮演的游戏方式让孩子有机会充分释放攻击性，增强她独立分离的能力体验。处理得好的话，孩子在这个阶段不会停留太久。

3 岁孩子总喜欢别人的玩具

　　　　我们家小孩 3 周岁半，有时候出去玩会带自己的玩具，但是看到别的小朋友的玩具他就不想玩自己的了，总觉得别人的玩具好，这是怎么回事？

　　3 岁是一个对新鲜事物充满好奇心的顶峰阶段，也是奠定一个人未来兴趣发展的可能阶段，孩子在这个阶段往往对没有见过的事物充满了探索的欲望。他其实并没有好坏评价之分，更多的只是新鲜感和想要尝试的欲望。所以，总觉得别人的玩具好，对这个年龄段的孩子来说是非常正常的事，父母需要尽量支持孩子体验和接触更多东西。只要让孩子学会分享，就不会有什么问题了。

　　另外，如果一个人总觉得自己的东西不如别人的好，那么也可能反映出一个人对自己在早年时获得的母爱是不满意的。在心理发展上，一个人的嫉妒心理也是由此产生的，那就是孩子深深地感觉到只有妈妈才拥有好的乳房，而自己是没有的。同时，妈妈没有让孩子感觉到自身的价值感。比如妈妈不太会让孩子反哺自己，孩子把勺子推到妈妈嘴里试图喂妈妈时，妈妈并没有很高兴地接受，孩子感受不到自身的价值感。要知道，这是一个孩子对自身价值感的最初来源。如果妈妈还让孩子感觉到是自己故意不给孩子喂奶、故意为难孩子，比如有些妈妈认为要定时喂养，就容易导致孩子的敌意。在这种情况下，孩子除了嫉妒，还会产生更深层的摧毁感。心理学中用"嫉羡"这个词来描述这种情绪，指孩子长大后，不仅觉得自己的东西不好，别人的东西好，还会产生强烈的要把别人的东西掠夺过来并摧毁它的冲动，他觉得是别人占据了本该属于自己的好东西。有些孩子甚至一生都会有这样的匮乏和敌意感。

所以，您需要根据孩子具体的心理状态进行分辨。如果只是觉得别人的东西好，自己的东西也不差，那么，孩子就没有多大的问题，让他学会分享就好了。如果觉得别人的东西好，自己的东西不好，那就需要进一步分辨孩子是否心存敌意了。如果只是单纯觉得自己的东西不如别人的好，那就是关于价值感与嫉妒的问题，而适度的嫉妒会促使一个人去追求更美好的东西，同时也可以享受自己努力获得的东西。如果觉得自己的东西不好，别人的东西好，同时内心还充满对他人过多的敌意，那么就需要父母做出更多的爱的弥补，给予孩子温柔且善意的对待，才能很好地修复孩子的内心。

玩具被抢了，只会哭不敢要回来

孩子 3 岁左右，别人拿了他的东西，不敢自己要回来，更不会夺回来，只会哭。我曾经问他：哭能哭回来吗？他说能。有这样的表现，是因为妈妈曾经遏制过他自己认为对的想法吗？还是有别的原因？

有时家长会更在意孩子处理问题的结果和行为，而忽视孩子面对问题时的情绪。如果孩子的东西被夺走，意味着对方可能在能量上确实比孩子大，孩子面对这样的事情，第一时间的情绪自然是害怕，恐惧大于愤怒。面对恐惧，孩子哭是很正常的反应，是在寻求大人的帮助。所以，他说哭有用，更多的是在表达：我哭了可以获得帮助，从而拿回自己的东西。这是事实，孩子并没有说错。

同时，您也需要去了解孩子的人格和天性。有些孩子天性就是比较温和，害怕冲突，渴望和平，不希望做太多的决策和主动行为。如果是这样，父母就需要了解并尊重孩子的天性，强行逼迫、训练一个内心渴望和平害怕冲突的孩子强硬起来解决冲突，并不是对这个孩子最好的爱。

大人的不满其实是担心孩子受欺负，没有能力应对，希望孩子能变得强大。如果出于这样的想法，就应该给予孩子更多情感上的支持和鼓励。比如，先共情孩子的害怕，然后陪着孩子去跟对方说，站在孩子的身边，教会他如何与对方相处。父母不用太担心孩子在这个阶段经历的各种人际关系，只要保证孩子的人身安全就可以了。受到欺负的孩子自然也会内化那个欺负他的人的行为，这也是被欺凌者往往会成为欺凌者的原因。孩子自然会内化各种丰富的人格面具。家长不要刻意让孩子变成欺负别人的人或强大的人，任何性格状态都是需要相反的另一面去平衡的。

所以，建议父母不用太焦虑于孩子当下被欺负的状况。确切地说，父母在某方面管得越多，介入得越多，孩子将来在这个方面的能力就会越弱。这是一个恶性循环，而启动这个循环的，往往是过于焦虑的父母。

相关临床研究证明，父母在孩子面临人际冲突时态度越夸张，情绪越激烈，孩子未来在学校成为被欺负者的可能性越大。因为孩子面对冲突时的态度和情绪是完全习得自大人的，大人夸张的态度会让孩子感受到明显的紧张和压力，从而在面临一般的人际冲突时，会产生过于夸张和激烈的情绪反应，包括大喊大叫等，而这会被很多同龄人取笑为幼稚、不合群等，从而招致更多的排斥和欺负。这是值得所有对此过于焦虑的家长注意的问题。

3岁孩子总以为别人要打他

孩子念幼儿园小班，最近好几次打了其他小朋友。由于老师批评他，现在非常讨厌上幼儿园，而且一听到"老师"这两个字就害怕得哭。他不是主动打人，别的孩子对他有伸手靠近的动作，他就认为别人要打他。在家和他沟通打人是不好的，他会说：我是英雄呀，我会打败小朋友，我是第一名！

这个问题，我相信很多父母都曾经遇到过。首先，我们需要了解孩子在这个年龄段对于打人行为的理解和成人是不一样的。打人不对，是成人的担心和投射。儿童在心理发展的过程中都会分裂出好的和坏的两个部分，投射出去就是各种英雄人物和妖魔鬼怪。对孩子来说，他还无法鉴别现实和幻想，他们需要在自发行为中逐渐发展出自己的思维，最终形成象征性表达能力。所以，当其他小朋友伸手过来，孩子将此体验为攻击时，就需要自己内心中那个英雄的部分出来战胜它。这本来是一个很好、很正常的自我学习过程，是让孩子学会内化正义、勇敢和力量的机会。

可惜，在现实中，孩子不幸遭遇了老师的批评，而且往往可能是当众的批评，因此，老师就会被体验为一个强大的坏妈妈，孩子内心会对此有充满恐惧的想象，觉得坏妈妈会把自己消灭。而且自己内心中有力量的英雄部分也会遭受挫败，认为自己没有能力应对外在的邪恶，这会让孩子非常恐惧。所以，作为妈妈，需要从这个角度去理解孩子的行为，共情他的情绪，然后才是改变和引导孩子的行为。现实中，孩子所遭受的这些适度的挫折，会成为他成长的台阶，帮助他形成充满力量、自信的、真实的自我。

另外，关于打人就不对这个问题，在学校和社会中很容易被一刀切地对待。很多孩子因为先动手打人了，就会被不分青红皂白、简单粗暴地处置，事情的前因后果会被忽略，导致孩子无法接受和理解，行为会变得更加叛逆和暴力，从而形成一个恶性循环。年龄越小的孩子，越无法分辨是非对错，他们能体验到的只有自己有没有被接纳和允许。如果感受到被接纳、允许，他们也会去尊重别人；如果感受到被欺负、被否定，他们也会去欺负和否定别人。

所以，建议父母和老师不要过早对孩子进行道德教育。这样教育出来的孩子，并不会真的具有健康的道德观和自我约束力，相反，会激发孩子内心更大的仇恨和攻击性，同时，导致孩子将本该属于正义的超我和道德感邪恶化。对于孩子来说，这是一种非常糟糕的体验，会导致他的自我冲突，使孩子陷入想象的世界里不肯出来，依靠想象来支撑自己无法自洽的现实。这一点是非常需要父母去了解和学习的。

4 岁孩子总说不理小朋友

4 岁孩子，念幼儿园小班。孩子经常跟妈妈说，她在幼儿园跟谁谁谁不是好朋友了，还说讨厌谁谁。这种情况要怎么引导？

4 岁的小朋友正是开始与父母分离、走向幼儿园的阶段，开始将注意力转向社交活动和各种兴趣爱好。孩子在这个阶段会不断地实践和尝试如何与人相处，相应地也会出现各种问题，比如打人、抢东西、不理人、生闷气、被孤立等。但你会看到，他们的关系会很自然地修复。今天生气说再也不理的人，明天照样又玩在一起，过两天，他又会不理对方了，这种状况往往会不断地循环往复。

柯尔伯格道德发展理论将 10 岁前的孩子道德发展水平定义为前习俗水平。这个阶段大部分孩子的行为目的，主要是被逃避惩罚和获得奖赏的需要所驱使，具有非常高的工具性和相对功利性，是以利己主义为导向的。他们主要考虑外在的人事物是否对我有益，有何益处，其行为主要是着眼于自身的具体结果，还没有开始发生社会规范的内化。因此，对于这个阶段的孩子来说，你对我好，这对我有好处，我就喜欢你，跟你玩；反之，你不对我好，这对我没好处，我就不喜欢你，就不跟你玩。这种现象是非常正常的，不用担心 4 岁孩子有这种想法是有问题。

建议大人尽量不要过早、过度地去干预孩子的社交，只是需要认真倾听、附和他就好了，相信他们自己会找到和小朋友相处的方式的。

6

4 岁孩子喜欢埋怨别人

孩子言语间经常有归责别人的习惯，比如，"都是你在旁边说话吵我，害我穿不上芭比的衣服""都是你让我生气"……诸如此类的话，之后，孩子就在那里生闷气。这种态度是否正常？大人应该如何回应，如何引导？

4 岁的孩子正处于分离个体化阶段的末期。但绝大多数人一生都没有完成分离，都会处于依赖与独立的矛盾中，自我的能力并不足以强大到支撑内心想要的独立，于是孩子乃至成人在面对内心的无力感时，就会发展出各种不同的防御机制。分裂和投射就是孩子最擅长使用的两种心理防御方式，也就是把内心中无法容纳的东西分裂出来，投射给别人，认为那不是自己的部分，自己内心就只剩下好的部分，这样就能支撑他自信地长大，变得越来越自信和独立。

这个时候，就需要大人读懂孩子的这种内在心理机制，接住他投射过来的坏的东西。而事实上，很多大人却会用道德、规则、不懂事、不负责任、耍赖等社会化、成人化的评判将孩子的投射挡回去，甚至有些大人还因此惩罚孩子。孩子内心的愤怒、无力等无法投射出去，也就无法完成好坏客体的矛盾整合过程。当孩子内心的坏客体大于好客体时，也就意味着孩子内心的坏自我大于好自我了，这样的话，孩子也就无法真正地长大，无法承担起属于自己的责任。

所以，父母应该看到，这只不过是一个内心还很弱小的孩子正常的心理发展现象。父母应该做的，是把孩子当孩子看，别总因为自己的焦虑惊扰了孩子的成长，做一个有能量接纳孩子的好父母，平静而有力量地陪伴孩子长大。在孩子进行这样的投射时，要笑着去共情孩子内心感受到的无力和愤怒，避免评判，相信他未来一定会形成健康的自我。你想让一个孩子长大后有担当，就先要允许他在还是孩子的时候不担当，所有品质的养成基本都是如此。

另外，再从积极心理学的角度来说说归因。积极心理学将一个人的悲观与乐观用"解释风格"这个名词来解释，也就是说，一个人在发生了好的事情或坏的事情时，是将这个结果归因于自身还是外界。简单来说，如果认为发生了好的事情是因为我自己好，发生了坏的事情，则认为是外在的客观原因，那么这个人就是一个乐观的人，反之则是一个悲观的人。所以，从解释风格的角度看，孩子将坏的事情单纯地归于外在的客观原因，是某种程度的乐观的基础。当然，我们不是说一个一味包揽功劳、推卸责任的人就是乐观的，这是两个完全不同的概念。一个人的解释风格除了他天生的乐观与悲观基因之外，往往和他在童年阶段父母和老师的解释风格密切相关，同时也有后天习得的因素。所以，从这个角度说，父母需要注重自省，做好表率，看看自己是否在日常生活中表现出类似的外归因行为。如果有，那么就需要尽早纠正和调整。

5岁孩子攻击性强

> 孩子今年5岁了，有时候不小心被别人冒犯就会情绪失控，会激动地攻击他人。家人如果加以劝阻，他就会攻击家人，不依不饶的。对此，我们一般有三种处理办法：一是强行抱住他，但他力气大，有时候会挣脱开；二是冷处理，让他自己慢慢冷静；三是让他用枕头等物品泄愤。请问这三种方法哪种会更好？

　　孩子的行为反映了两部分信息：一是孩子内心认为自己很有力量，二是孩子内心有很多被攻击的假设。前者往往来自婴儿期全能感的残留，比如孩子看了很多动画片、神话故事、科幻电影等，将自己等同于某个英雄人物。后者则来自成长过程中对养育者疏于照顾的不满。孩子在内心幻想了很多对养育者的攻击，但又担心被报复，这让他感到焦虑。因此，只要外界对他有一丁点儿的侵犯，他就会觉得对方是在攻击自己，内心就会激起强烈的愤怒，立刻想要惩罚对方，很多时候还会得理不饶人。其实，很多时候，孩子的攻击行为投射的是对父母的不满和报复。

另外，这个行为还有另一个层面的理解，那就是同胞竞争的关系。即便是独生子女，也一样会有强烈的竞争意识，会对父母喜欢的某类小孩表现出巨大的不满和愤怒，特别是当父母袒护对方时，会更加激起他的不满，而且这种愤怒很难平息。

鉴于以上几种情况，父母需要做的是等孩子的愤怒平息后，积极洞察孩子内心的担忧和害怕。父母要理解，孩子只是在表达自己对父母的不满，在表达想要被照顾的强烈渴望。所以，当孩子生气时，建议你主动抱住孩子。这时候，孩子肯定会拼命挣扎，你就告诉他：妈妈爱你，妈妈不能放开你，妈妈需要和你连在一起。妈妈只有感觉到和你是连在一起的，才能把你放开，否则妈妈会害怕你不见了。你一定要说得很真诚，并请求孩子不要离开你。如果孩子实在不能平息愤怒，就是不想让你抱，也可以告诉他，你放开他是可以的，但是他需要与你保持20厘米的距离。同时，可以让孩子看着你的眼睛，对他说：妈妈爱你。问他：妈妈的眼睛里有没有愤怒？能不能看到妈妈眼睛里对你的爱？这些办法往往会让孩子的愤怒平息下来。

当然，这些方式在具体操作的时候往往会出现一些偏差。比如，有些父母会试图强行控制住孩子，用纯粹的暴力使他们屈服；有些父母则会试图用语言暴力威胁孩子，用恐吓的方式让孩子害怕、屈服。

这些都是错误的做法，很容易导致孩子出现一些自伤自残的行为。因为当孩子无法对外攻击时，他就只能转而攻击自己。这种现象在现实生活中非常常见。

至于你提到的冷处理的方法，并不建议使用。因为一般来说，5岁的孩子还没有能力独自处理情绪问题。冷处理只会使孩子觉得自己不被支持，觉得自己被抛弃了，反而会加剧他的愤怒和不满。

让孩子用枕头等物品泄愤倒是个不错的方法。但有一点很重要，不能让孩子独自一人去完成这件事，否则可能会加剧他的攻击性行为。这个过程是需要父母与孩子一起来完成的。比如，父母可以和孩子一起玩枕头大战，让孩子在游戏中释放攻击性，同时获得亲子间情感的联结。

此外，也可以让孩子通过一些艺术形式将愤怒表达、释放出来，比如绘画、涂鸦等。

8

6 岁孩子只看别人的错误，不承认自己的错误

孩子快 6 岁了，有时候明明犯错了，却怎么也不肯承认。大人如果当面指出他的错误，他就会出现特别强烈的反应，有时候需要和他解释很久才能平静下来，但依旧死不认错。别人犯错了，他却会得理不饶人，纠缠不休，过很久都记得。而且，有些明明不会的事，他一定要逞强说自己会，大人如果干涉，他的反应也会非常强烈。

从您的描述中可以看出，孩子目前最需要的是被肯定。然而，您给我的一个感觉是，您似乎有强烈的纠正孩子的内心需要，您对孩子的细节特别敏感，总是盯着孩子的缺点"挑刺"。这些行为对孩子来说，并不是妈妈在和他谈论事情的对错，而是在向他传递负面信息——他不够好、不够完美，他有很多的缺点，他不值得被爱，

等等。

我们常说，智者看破不说破。特别是对待孩子，很多时候，你一个会意的眼神就足以让孩子明白一切，他的内心自然会激起相应的、健康的羞愧感，从而在下一次调整自己的行为。所以，建议父母不要过于纠缠对错。健康的教育是让孩子形成辩证地看待世界的眼光，而不是被某种固定的价值观所限制。任何事物都有好的一面和坏的一面，您可以试着和孩子玩一些探索类的游戏，比如做侦探，让孩子找出自己或家人某种行为的利与弊。对于 6 岁的孩子来说，引导他在游戏中学习，远比严肃的说教更有效。

另外，父母还要自省一下：为什么会特别执着于一件事情的对错？那个对错对你而言到底意味着什么？而孩子总抓着别人的错误不放，不正是和大人一样吗？他不是也正在做一个抓住错误不放、得理不饶人的人吗？

在教育中，除了对错与评价，我们更需要去共情孩子的情感。他那么愤怒，那么不能接受错误，背后其实是对被肯定的期待和对自己内心无力的害怕。父母又何必非要掀开孩子的痛点，非得让他承认和面对自己的无能为力呢？毕竟，让他承认自己不会一件事，并不是父母的最终诉求。我们的最终目标是希望孩子越来越自信大方。

所以，建议父母调整自己的视觉焦点，多做正面积极的事情，而不是做自己认为正确但其实具有负面效果的事情，给孩子更多的包容、允许、鼓励和支持。 当孩子的内心体验到足够多的被肯定，他自然会过渡到下一个阶段，明白自己原来并不需要无所不能。 那时，孩子的内心也才能够接纳那个不太优秀的自己，从而学会谦卑地对待别人。

品行问题

孩子在小小年纪就出现社会道德规范所不允许的行为，这无疑让很多父母深感焦虑。有的孩子无论事情大小都喜欢说谎，有的孩子偷拿父母的钱。父母该如何看待孩子的这些行为呢？这些真的是品行范畴内的问题吗？孩子说谎、偷窃行为的背后又有着怎样的心理动因？

3 岁孩子不礼貌，说话没轻没重

孩子已经 3 岁了，但不知道该怎么和爸爸、爷爷、奶奶正确相处。因为长时间不和他们接触，现在孩子和他们相处得很别扭，说话时没轻没重，不懂礼貌。唉！愁死……

首先，您用没礼貌、说话没轻没重来形容一个 3 岁孩子的行为，这个评价有些重。所谓的"别扭"，不知道是因为孩子显得过于放松，还是过于不放松。但从您说他讲话没轻没重来看，孩子应该处于一种很放松自然的状态，那又为何会令您觉得很别扭呢？

不管如何，都不建议您用过于严肃的词汇给孩子的某种行为下定义、贴标签，因为那背后往往是父母自身问题的投射，而这样的投射最终会将孩子变成一个不礼貌的人，从而迎合了父母潜意识的投射需要。这个投射需要往往是因为父母需要一个这样的投射对象，来解决自己在这个问题上的情结。也就是说，以此来解决父母潜意识中对要不要讲礼貌的冲突。一般来说，这意味着父母自身对于讲礼貌这件事有非常高的自律和要求。比如，父母自己曾经就是被这样严格要求的，在不讲礼貌时曾被严厉地批评甚至惩罚过。于是，当自己做了父母，就会在这个点上有非常多的无意识的愤怒和恨。当孩子出现类似的行为时，父母对孩子的惩罚和焦虑，往往来自自己的父母曾经对自己施加惩罚的愤怒和焦虑。另外，很多时候，父母也会担心孩子的这种行为会导致长辈对自己有微词和看法，会担心别人觉得自己不会教养孩子，由此引发过度的焦虑和控制行为。

另外，您提到孩子的爸爸很少与孩子相处，这也是需要注意的问题。3岁的孩子应该逐渐进入到父亲的世界，父亲应该是孩子与母亲分离、走出二元共生关系的重要助力。如果一个家庭中，父亲缺失或存在形同虚设，孩子往往会表现出很多不得体的行为。比如不能与母亲分离、需要依恋母亲等，会让母亲觉得孩子能力不够，孩子长不大，还无法离开自己，这往往是这样的家庭中父母无意识共谋的结果。孩子只是迎合了父母的潜意识需求，行为变得糟糕，看上去也确实离不开父母。

3岁孩子的行为主要靠习得、模仿而来，主要受父母和身边大人的言谈举止以及影视、书籍等影响。所以，父母如果要改变孩子的行为，除了不用道德标准定义他之外，更多的是做好榜样，轻松引导，让孩子在潜移默化中学会正确的行为方式。

另外，孩子在面对父亲和爷爷奶奶时，会有他自己特定对应的人格面具。如果孩子只是面对他们时才那样"没轻没重"，面对外人却表现得体、礼貌，我们就更不能说孩子的行为是糟糕的。相反，这说明孩子的适应性发展得不错，私我的面具是用来面对家里熟悉的人，公我的面具是用来面对社会。真正的心理健康是人格面具的丰富和多样性，能够在不同面具间做出选择、取得平衡，而不是总维持在某种单一的人格状态中。这一点也是父母在考量孩子的行为时的参考要素之一。

3岁孩子喜欢信口开河

宝宝现在3周岁，说话总是张口就来，还会编造一些没有发生的事情。比如爸爸早上问他："你洗脸了吗？"他张口就来："洗了。"其实还没洗。再问他："你什么时候洗的啊？"他就随便说一个时间。比如和奶奶去草地玩，遇到小姐姐一起捡树枝，宝宝就和我说，他和奶奶踢球，小姐姐想来玩，结果被奶奶吓走了。比如同龄孩子踩到他，他却说被推了，还戳到了眼睛。这算不算说谎，该怎么理解啊？

很高兴你家孩子能有这样的想象力。3岁是孩子语言和思维想象力发展的高峰期。我家孩子在读幼儿园期间，回家告诉我们在幼儿园发生的事情，常常也都是五分事实五分想象。一开始我们还因为这个有所担心。比如老师今天让她站出来领读了，可能她回来的叙述就变成她被老师罚站了。当我们进一步追问细节时，她的版本又变了。过段时间再问她，她甚至都不确定是否发生了这件事情。这是处于幼儿阶段的孩子常会出现的比较典型但也很正常的现象：孩子生活在现实与想象之间，对现实发生的事情会进行非常丰富的联想和加工。孩子都喜欢反复看同一部动画片，他们看的其实不是那个原原本本的剧情，而是在观看的过程中由此引发了想象力，每看一遍，他们都能在脑海里加工出不一样的画面和情节，由此，也就慢慢形成了孩子自己的思维和语言。孩子在用这样的方式去试图体会语言的运用，很多时候可能只是一种尝试，就像小孩子对大便、小便的好奇一样，这些都是小孩子在不同的年龄段的兴趣点。所以，父母不需要担心这个问题，更不需要过于紧张，好好体验孩子在这个阶段带来的有趣体验吧。过去了就没了哦！

所以，孩子的行为肯定不是大人所定义的不诚实的行为，不能上升到道德的层面去评判孩子。这个年龄段的孩子非常擅长模仿，父母首先需要检视自身或其他家人是否有随意找个理由搪塞孩子的行为。如果有，就要尽量改变自己的行为。孩子再长大一些，如果依然有这种行为，父母就需要检视在对待孩子的问题上是否过于严厉。如果是这样，孩子就是在用撒谎的方式进行自我保护。那么，父母就更加需要调整自己对待孩子的方式了。另外，如果父母过于严谨、刻板，孩子可能会为了满足父母潜意识对这个部分的投射需要，而无意识地变成一个信口开河的人。

总之，父母不需要用道德或严肃的观点去看待小孩子的这种行为，也不需要太着急。如果不是父母自己的问题导致了孩子的模仿，父母可以通过玩游戏或讲故事绘本的方式，让孩子了解这种行为可能会带来的不好的后果，比如《狼来了》这个故事就很合适。父母千万不要刻意去教训或惩罚孩子，否则他会越来越喜欢这样做。因为这让他体验到父母因为这个行为而对他产生了高度关注，而关注往往是孩子内心最渴望的东西。

3

10 岁孩子爱撒谎

10 岁的男孩爱撒谎。在他们的活动小组里，大家都知道他爱撒谎，有人经常会说他。但是，他好像没有感觉似的，一点都不长记性。不管是精神需求还是物质需求，我觉得我们都满足了他。我们原来总认为他只是在幻想。现在小组的负责老师也和我们说了他这个坏习惯，我们该如何引导呢？

先和你分享一段关于儿童说谎的脑科学研究内容。

我们发现小朋友会说五种类型的谎言。

第一种是白色的谎言，也就是为了客气而说谎。小朋友得到了一个生日礼物，明明不喜欢，却说自己很喜欢，正是自己需要的。这就是白色的谎言，3岁的孩子已经能够说白色的谎言了。

第二种是橙色的谎言，是为了拍马屁而说谎。明明这个老师唱歌唱得不好听，他却说老师唱得真好听。5岁的孩子已经能够说这种谎言了。

第三种是蓝色的谎言，是为了集体而说谎。9岁的孩子已经可以说集体的谎言了。

第四种是黄色的谎言，是为了谦虚而说谎。比如说同学问数学考得怎么样，孩子明明考了100分，却说考得不好，还需要努力。9岁的孩子就已经开始说黄色的谎言了。

最后一种是黑色的谎言，也就是为了自己而说谎。

这里重点讲一下孩子是怎么学会说黑色的谎言的。为了研究小朋友是怎么学会说黑色的谎言，研究者在世界各地和小朋友玩设计好的游戏。下面是其中一个游戏。

在游戏中，我们让小朋友猜一下扑克牌上面的数字是多少。我们对他们说：如果你猜中了，就给你一个非常好的奖励。在玩游戏的过程中，我们找个借口离开房间，离开之前对他们说：千万不要偷看扑克牌。

当然了，我们对他们不是很信任，所以在实验室安放了很多摄像头，观察他们到底有没有偷看扑克牌。因为小朋友想赢得游戏、拿到奖品的动机非常强，所以大部分小朋友——90%以上的小朋友，在我们离开房间后的5秒钟之内就偷看了扑克牌。

关键是，我们回来后问小朋友：刚才我们出去的时候，你们有没有偷看呀？

我们吃惊地发现，2岁的小朋友已经开始说谎了。不过，2岁的孩子中只有30%说谎，70%还是坦白说真话；3岁的孩子中有50%说谎，50%说真话；到了4岁，80%以上的孩子都会说谎。你可以看到，说谎是一个非常普遍的事情。

大部分人在小时候会偶尔说谎，这个不是问题。但是为什么有一些幼儿说谎，有一些幼儿不说谎呢？我们花了20年的时间就为回答这个问题，也就是说什么因素造成了有些儿童开始说谎的时间早，有些儿童开始说谎的时间晚。

首先一个问题：性别是否重要？女孩子是不是比男孩子开始说谎的时间要早一些呢？结果答案是否定的，男女开始说谎的时间是一样的，而且说谎的水平也是一样的。

第二个问题：说谎与孩子的个性有没有关系？比如说内向的孩子和外向的孩子，是不是开始说谎的时间是不一样的呢？答案也是否定的，不管孩子是什么个性，学会说谎的发展过程是一样的。

那么和孩子的道德观念有没有关系？如果小朋友知道了说谎是不好的，那是不是开始说谎的时间要晚一些呢？结果答案也是否定的，孩子明明知道说谎不好，但还是要说谎。

那些来自家教严厉的家庭的孩子是不是开始说谎的时间要晚一些呢？不是。不管父母的家教方式如何，孩子照样能学会说谎。

那么到底是什么因素造成了小朋友早说谎和晚说谎呢？我们找到了两个因素：

第一个因素是情商。为什么与情商有关系呢？因为说谎的前提是你要知道对方的心理状态和情绪，在这个基础上你才能说谎，所以情商很重要。

第二个因素是自我控制能力。要把谎说好，一定要有很强的自我控制能力，要把自己的面部表情控制好，把姿态控制好，而且语言内容也要控制好，所以自我控制能力跟说谎有关系。

我们很吃惊地发现，那些说谎越早、说谎越好的孩子情商越高，自我控制能力越强。所以如果有一天你发现自己2岁的孩子已经开始说谎了，你不但不应该很惊慌，而且要第一时间在朋友圈里炫耀一下。

我们需要探讨的另一个问题：小孩子们为什么会说谎？

其实小孩子说谎的原因跟我们大人类似，大人说谎的一个很重要原因是要赢得竞争，小孩子也是如此。

我刚才提到大家在成长的过程当中会偶尔说说谎，所以这是正常的现象，但是最好不要老说谎，因为老说谎后果是不好的。很多家长问我们：怎样避免小孩子经常说谎？对于这个问题我们做了10年的研究，研究了各种各样的方法。

第一个问题是打屁股有没有用？打屁股没用，而且如果用这种方法的话，小孩子不仅说谎的次数会增加，而且说谎的水平会越来越高。跟小朋友讲道理有没有用呢？一点用也没有，白费口舌。那么给他们讲《狼来了》和《匹诺曹》的故事有用没用呢？也没有用。

那么到底什么有用呢？我们发现，大人和同伴的榜样作用非常重要，也就是说，如果大人和同伴不说谎，小朋友往往也不说谎。所以你要你的孩子诚实，你一定要创造一个诚实的家庭环境、学校环境和社会环境。

以上是文章的节选内容，这个团队在世界各地做了很多关于这个主题的研究，有非常多的数据支撑，我相信其结论应该比较客观科学。

回到您的问题，从小被满足与否并不是导致孩子说谎的主要因素。同样，是否会受到惩罚也不是孩子说谎的主要原因，那只会训练出孩子更高超的说谎本领。要避免孩子过多地撒谎，除了最重要的家庭示范，更多的是孩子自身需要具备对说谎行为自发的、适度的羞耻感，而不是用道德或罪疚感来避免孩子过多地撒谎。因为道德约束并不是长久之计，罪疚感在得到惩罚后也会消退。但是，羞耻感不会因为惩罚而消退，它能够引发孩子的自我约束，减少撒谎的频率。而羞耻感的建立，来自孩子1岁左右的养育行为，这也是一个人是否具有反社会人格障碍的关键阶段。

另外，从动力性的角度，我也可以针对说谎提供一些不一样视角的解读：

1.避免被惩罚。孩子曾经因为类似的情况被父母惩罚，慢慢就会形成这样的认知：做了这些事情就会被惩罚。所以，他会选择说谎，即便父母告诉他不会受到惩罚，他也不会相信。

2.通过羞耻感对自己进行惩罚。羞耻感是每一个心理正常的人都具有的感知，当一个人发展到没有羞耻感时，基本就成了反社会人格状态了。而当一个人羞耻感过重，导致无法排解和自我原谅时，他往往需要借助羞耻感进行自我惩罚。比如，一个人在背后说了好朋友的坏话，结果那个好朋友却对他特别好，他就可能产生非常强烈的羞耻感，而且这种感觉无法通过向朋友承认错误获得惩罚和原谅而消失。因此，即便他知道朋友不会因此而惩罚他，他也是无法面对朋友的。甚至从更深层的心理来说，他反而渴望获得某种惩罚来抵消羞耻感。当朋友选择原谅他时，反而可能会加重他的羞耻感。就像父母对孩子说：你说出来，爸爸妈妈不会惩罚你。当孩子渴望通过获得惩罚来抵消内心过重的羞耻感时，他可能会选择继续撒谎，选择逃避，这样就可以通过羞耻感来保持对自我的惩罚。

那么，该如何面对孩子这样的行为问题呢？在非暴力沟通的核心理论中，有一句话是这样说的——面对冲突，你永远有三种选择：一是争出对错是非，二是逃避冷却，三是把冲突看作建立联结的机会。如果你和孩子之间一直在做第一件事，那么可以想象，你们之间的情感联结将越来越少，大家都把孩子看作一个爱撒谎的家伙，不值得信任，那么孩子也会把大家看作无情的存在，不值得信任。当孩子长大，越来越独立后，他要么故意和父母说谎，要么懒得对父母开口。因为，父母已经失去了孩子最珍贵的信任。对于一个不值得信任的人，我们是没有多大的耐心和动力去坦诚沟通的，这种失去了信任的关系将充满痛苦。

所以，从自己做起吧，学习如何倾听孩子的情感，放下对错的评判，真诚地与孩子进行联结，你会发现一个完全不一样的孩子。相信我，孩子在等待父母倾听的路上，已经等待得太久了，别让那颗幼小的心灵独自面对这个世界太久！

五年级男孩和同学出去疯玩

> 读小学五年级的男孩，在同学家玩逗留的时间超过原定的太多，待了两天一夜，还喝了酒，为了让他记住做错事要承担相应后果，我们罚他在家禁足一周。过两天是他的生日，经协商，同意他带同学回家过生日，但不允许他和同学出去玩，可是孩子哭得很伤心。请问这样处理合适吗？

我想从三个方面回答这个问题。

第一，青春期阶段孩子的大脑发育特征。这个年龄段的孩子会尝试很多危险的行为。当下和朋友玩耍的快乐远大于来自父母和社会的奖励，并非他们开始变坏或者变得没有规则了。这在很大程度上是由于孩子的生理特征所致，也就是所谓的青春期叛逆。建议父母读一读

《青春期大脑》这本书，了解青春期孩子的生理特征。

第二，父母在处理孩子问题时，常常将恐惧、悲伤变成愤怒来表达。面对孩子晚归、喝酒等行为，父母更多的其实是害怕、担心孩子的安全，却往往通过愤怒来表达，那就是惩罚孩子，试图通过惩罚来掩盖自己的恐惧，结果导致孩子越来越叛逆。因为孩子感受到的并不是父母的担心和爱，而是愤怒和对自己的约束。所以，愤怒和惩罚会导致更多的反抗和悲伤，将亲子关系推向糟糕的一面。

第三，和孩子约定问题的解决方式，父母一定要考虑到结果是否是自己想要的。比如在这个例子中，你希望孩子未来不会和同学打交道吗？希望他变得不能自信地和同学交朋友或没有男子气概吗？肯定不是。所以，这个禁足的惩罚或者不让他和同学出去玩，我认为都不是最好的选择。可以让他做更多的运动或其他对孩子有益的事来达到目的。至于违规了需要如何处理，这是最能体现父母的尊重和平等、让孩子感受到自我价值和自我约束的机会。最好和孩子一起协商出一个彼此都满意的方案，而不是父母单方面决定应该怎么处理。除非事关孩子的人身安全，父母需要给予果断的阻止，其他事情都不建议父母这样做，否则会影响孩子的自我发展，还会将亲子关系推向糟糕的一面。

最后，留几个问题给父母们思考：你希望孩子做什么事情？同时，追问一下自己：你希望孩子出于什么原因去做那件事？是出于恐惧、害怕、委屈，还是爱与自愿？

初二男孩偷家里的钱

> 　　初二的男孩，学习不好，偷家里的钱去买一些并不是迫切需要的东西，比如买了三块手表，没钱了就赊账，谎话连篇，被发现了也不说实话！怎样让他好好学习呢？怎样让他不偷钱和不说谎呢？头疼……

　　偷父母的钱是一个具有非常典型心理意义的行为，往往意味着孩子需要重新获得妈妈的乳房哺育的权利和资格，也就是对妈妈的爱的掌控感——以前我没有从妈妈这里获取足够的爱，现在我就要不断地想办法获取。从精神分析的角度看，金钱意味着乳汁，是妈妈身体里财富的象征，这从很多孩子的心理沙盘中被清晰地呈现出来。您提到孩子还会经常赊账，就更加明显地表达了这层含义，意味着孩子希望外界的事物都是可以由自己随意拥有和支配的。所以，需要父母反思一下：在孩子 3 岁以内，自己是如何对孩子进行哺育，又是如何对待孩子的全能感与自主性需要的？孩子的需要是否经常被父母无情地忽视和拒绝？

另外，如果孩子偷钱成了习惯，自己不能抑制了，那么就变成偷窃癖了。这样的孩子偷的东西往往并不是自己需要的。出现这种行为的孩子，潜意识中是希望自己能够被抓住，以此获得父母的关注。同时，孩子渴望可以被一个稳定的、有力量的环境抱持住。少管所、监狱、医院等在某种程度上都意味着更高权威的存在，可以容纳孩子内心的脆弱和无尽的欲望，这往往是缺乏安全感的反社会少年内心最渴望获得的。温尼科特认为，偷窃、有行为障碍的孩子并不是坏孩子，相反，他们在通过这样的行为表达被救赎的渴望。

不过，您家孩子已经读初二了，正处在青春期，这个年龄段是孩子重塑人格的第二次机会，孩子会很大程度地退行到婴儿阶段。所以，这是父母拥有的第二次改变孩子对于母爱的感受的机会。父母需要透过现象看本质，不要纠结于孩子当下的行为，不要去评价孩子有多么糟糕，而是要真正体会孩子行为背后呈现的内心创伤与痛苦，给予他足够的满足、理解和重视。

性心理问题

性，一直都是一个令大多数人难以启齿的问题。当孩子出现各种与性有关的行为问题时，父母更是羞愧难当。孩子当众玩弄自己的生殖器，当着很多人的面自慰、玩性游戏等，让很多父母不知所措。孩子的这些行为背后到底有着怎样的心理动因呢？

1

2岁孩子说要自己生孩子

女儿2岁多，别人问起她想不想要弟弟妹妹，她说她自己生自己带，经常说自己肚子里有宝宝。我想知道：她说这种话有什么潜在的问题吗？

2岁是俄狄浦斯期的早期，对于一些比较早熟的女孩来说，她们的性心理发展是非常丰富的，主要的想象就是她们非常想和妈妈一样，也能拥有女性的身体，能够生育一个宝宝，能够占有爸爸，能给爸爸生一个孩子。

出于这样的竞争和希望，她们会对妈妈表现出无意识的愤怒和嫉妒，嫉妒妈妈有乳房，能生育孩子，嫉妒爸爸满足了妈妈，妈妈满足了爸爸，而自己却没有被满足。而妈妈能生孩子，是女孩子对妈妈最大的嫉妒了。因此，在孩子的幻想世界里，她们最大的攻击想象，就是幻想着捣毁妈妈肚子里的孩子。但她们也会非常恐惧自己有这样的想法，担心所产生的后果。因此，有些孩子就非常希望妈妈能够再生一个弟弟或妹妹，这意味着妈妈肚子里的孩子并没有被自己攻击和毁灭，妈妈还是能够生育一个健康的宝宝的。有些女孩子还会通过照顾洋娃娃，寓意自己还给了妈妈一个健康的宝宝。同时，她们也在想象中重构了一个健康的好妈妈。而所有这些复杂的心理过程都是女孩子性心理发展过程中女性身份得以确认的重要阶段。成年后，女性是否相信自己是一个有生育能力的女人，能否做一个合格的妈妈，在很大程度上与早年这个阶段的性心理发展有着直接的关系。如果发展失败，很多女性成年后会不相信自己能生育，生育了也不认为自己可以成为一个合格的妈妈，能够把宝宝健康地养大，其潜意识都来自这个阶段对自身攻击性的过度担忧。

2

3岁孩子有自慰行为

我儿子刚刚满3周岁。最近几个月,他喜欢趴在床上抬起上身,用力张腿、并拢腿进行"锻炼"。有一次,奶奶问他这样做哪里舒服,他说小丁丁舒服。奶奶告诉我的时候很担忧,我安抚奶奶说没关系,3岁的愉悦感是在那里,挺正常的,但自己心里又没底,专业上该怎么理解呢?

3～6岁是心理学称为性器期的阶段,也就是孩子令自己感到愉悦的能量点是在性器官上。1岁以内是口欲期,1～3岁是肛欲期,在这里不多做介绍。孩子在性器期开始对身体有很多的关注,也能体验到性器官带来的自体愉悦。这其实和大人体验到的性满足在生理上没有本质的区别,除了没有性的意味。这个阶段也是孩子未来能否体验到健康的性的愉悦的重要阶段。面对孩子的自慰行为,有些父母如

三岁左右的孩子基本完成了与妈妈共生状态的分离，开始有了性别意识。也是在这个时候，父亲开始进入孩子的视线，从之前与母亲的二元关系开始发展到与父母的三元关系。而三元关系意味着竞争的开始，也就是精神分析中所说的俄狄浦斯期，也叫性器期。

作为父母或老师，我们不应该过早地让孩子感受到学习的挫折，而是应该尽最大的努力将学习趣味化，尽量开发出好的、有趣的学习方法，让孩子在有趣中学习知识，这是我们作为成人该尽的义务，是我们对教育的责任。

临大敌，灌输很多道德感和羞耻感给孩子，甚至严加训斥和惩罚，导致孩子对自己身体的愉悦有一种罪疚感，这是很多成年人性冷淡、形成性是肮脏的观念的根本来源。

所以，面对这个阶段孩子间接或直接的一些自慰行为，如男孩摸自己的小丁丁，女孩夹腿、磨凳子、在柱状物上蹭来蹭去等，父母都应该保持客观冷静，不要当场阻止孩子，或者遮遮掩掩地传递羞耻感给孩子，可事后通过游戏或绘本故事加以引导，让孩子认识到这种行为只能在私密的场合进行。父母在说的时候，应该是让孩子感觉到一些神秘，而不是羞耻，比如可以反问孩子：我们如果在大马路上光着身子走路，会怎么样呢？孩子自然会懂得，这样做很羞羞，这也是最早期的性教育的开始。过段时间，孩子可能自然就会发生行为的转移，将性能量转移到一些同龄孩子的游戏中，或者转移到学习或其他能够带来愉悦、释放能量的游戏中。

另外，在生理上小女孩的阴蒂是比较外显的，容易产生刺激的愉悦感，父母要尽量给孩子穿棉质的、宽松的内裤，尽量减少对阴部的刺激。

3 岁女孩喜欢穿妈妈的鞋子

> 3 岁左右的女孩子总喜欢穿妈妈的鞋子，还有高
> 跟鞋，自己的鞋也是换来换去，很频繁，除了裙子就
> 对鞋最感兴趣了。

　　3 岁左右的孩子基本完成了与妈妈共生状态的分离，进入分离个体化的末期，开始有了性别意识。也是在这个时候，爸爸开始进入孩子的视线，孩子从之前与妈妈的二元关系开始发展到与父母的三元关系。而三元关系意味着竞争的开始，也就是精神分析中所说的俄狄浦斯期，也叫性器期。女孩子会有明显的与妈妈竞争爸爸的意识和潜意识行为，比如穿妈妈的衣服和鞋子、开始更喜欢爸爸、生气的时候让爸爸给自己换一个妈妈、要和爸爸结婚等。她们开始注意自己的性别发展，比如留长发、穿裙子、喜欢照镜子，有些女孩还要学妈妈涂指甲油等"臭美"的行为。这些都是孩子在发展自我性别意识过程中的

表现，父母只要学会欣赏这个有趣的阶段就好了，不用过于担心。

有些父母之间没有建立起健康的亲密关系，或者自身对性别特征有一些未处理好的问题，这个时候孩子的表现就容易激发母亲自己对女性身份认同的问题，表现为吃孩子的醋、对孩子的性别发展行为有过多的干预、认为男孩（女孩）应该怎样不应该怎样等，这可能导致孩子的性别发展出现问题，长大后，会引发很多亲密关系、性别认同方面的问题。

4 岁男孩喜欢粉色

你好，我儿子 4 周岁 3 个月，喜欢粉色的衣服，床品、鞋子都要买粉色的。在他小时候我们和他说过粉色是女孩用的。去年，孩子上幼儿园以后老师也跟他这样说，结果他就更加喜欢粉色的东西了。他是不是在故意叛逆，还是怎么回事？

首先，小孩子一般要到上幼儿园中班以后才会有初步的性别意识，而在这之前是没什么概念的，一般要到 10 岁左右才会有性意识。所以，针对性别与性，大人都不应该过早地在意识层面给孩子这方面的灌输。比如，不要对一个不到 3 岁的男孩说，你是男生，应该让着女生；也不要对一个 6 岁的女孩说，你抚摸生殖器的行为是不要脸的，诸如此类超越孩子年龄范畴所能理解的话语。否则，这样特定强加的意识和概念会导致孩子形成认知固着，是没有什么益处的。比如，你的儿子很可能会记住的是，穿粉色衣服可以获得妈妈的关注，而并非理解了只有女孩才能穿粉色衣服，因为他根本还没有男孩女孩的性别概念。

这也提醒了我们做父母的，千万不要将过多成人的焦虑与认知投射在纯洁的孩子身上。比如只有女孩才能穿粉色的衣服，这就是典型的成人思维。如果你过度地反感男孩打扮得比较女性化，这其实反映的是你内心中对于男子气概与女性化的成长议题。也许是你自己成长的经历让你在潜意识中抗拒成为一个喜欢粉色的女性。

另一方面，从心理成长的角度看，每个人生下来都是女孩，具有吸吮和接纳等女性气质行为，然后才慢慢分化出给予和侵入等男性气质行为。每个人身上都有男性、女性两种身份特质，每个人都是双性恋，只是后来正常的性别发展会导致一部分性别特质正常地发展，而另一部分特质被意识、文化、价值观抑制了，但并不代表那部分消失不见了。比如一个特别男性化的粗犷男人，在街上看到一个妖艳的男人甩动丝巾，他就抑制不住自己的愤怒，上去揍了那个男人一顿，这就是对方的女性化行为触发了他潜意识中自身也拥有女性化特质的认知所带来的内心恐惧。

总结一下，小孩子对性别的理解和探索有一个自然的发展过程，大人如果是正常的异性恋，保持正常的性别行为，不过早、刻意地要求孩子保持某种性别行为，比如让男孩穿裙子、让女孩留短发、让男孩一定要有男子气概、女孩一定要温柔体贴等，孩子基本不可能出现性别倒错的行为和现象的。否则，孩子一定是在满足父母潜意识里的性别需求。如果孩子童年一切发展正常，成年后还是发现自己是同性恋，那么父母也必须接受孩子是先天同性恋的事实。无论怎样，父母都要允许孩子遵循他自己的生理、心理发展规律，完成他对性别和性的发展与探索。

7岁女孩喜欢拿玩具蛇吓唬人

7岁女孩喜欢买玩具蛇，玩的时候丝毫不感觉害怕，还喜欢拿玩具蛇来吓家里的大人，这是为什么呢？

在人类的集体无意识中，蛇是令人恐惧的动物。不管现实中是否见过真实的蛇，也不论是否曾经被蛇伤害过，我们对蛇的恐惧是自然而然的，这和人类祖先的生存经历有关，犹如所谓的鬼魂一样，它们都被压抑在了人类的集体无意识中。

但很小的孩子一般都不会惧怕蛇，因为他们还没有形成我与非我的概念，还处在婴儿的全能感中，感觉世界是自己的一部分，是受自己控制的，没有什么东西是可以伤害自己的。但随着自我的分化，孩子开始有了自我意识，开始知道这个世界上还有很多令自己感到无力和恐惧的事物，这就会唤起很多的恐惧，有意识的和无意识的恐惧都有。这时孩子就会发展出否认的心理防御机制，比如认为那些事情是不会发生在自己身上的。一个典型的例子是，小孩子打碎了碗，害怕被妈妈惩罚，他可能就会告诉自己，碗没有破，并不是自己打破的——他不是在撒谎，而是真的认为这个事情没有发生，因为他真的太恐惧了。

另外，孩子会发展出分裂的心理防御机制，把内心无法容忍的情绪分裂出去。比如，当孩子感受到妈妈对自己不好时，就会分裂出一个坏妈妈，认为是那个坏妈妈对自己不好，那个坏妈妈甚至都不是自己的妈妈。当妈妈对自己好时，他会瞬间觉得自己有一个好妈妈，那个坏妈妈和这个好妈妈并不是同一个妈妈，这样他们内心就可以保留一个好妈妈，忍受自己有一个坏妈妈的恐惧，这就是小孩子的心理运作机制。

回到喜欢玩蛇这件事上来，7岁的小女孩势必会惧怕蛇的，但孩子特意表现出没有丝毫的畏惧，很可能是因为孩子内心发展出了一个心理防御，把自己恐惧的事情分裂投射出去，变成一个可以掌控把玩的玩具，用这样的方式来隔离内心的恐惧，感到自己终于战胜了恐惧。这就像很多大人其实很害怕，但刻意去体验极限运动；明明很怕辣，却故意吃很辣的辣椒；明明很胆小，却常常看恐怖片。其实背后都是一样的心理运作机制，就是把自己的恐惧投射出去，变成一个具体的、可见的、可触摸的、可以战胜和掌控的东西，从而增强自己对于恐惧的容忍度。

另外，7 岁女孩喜欢拿蛇去吓唬大人，也是一种潜意识的攻击性表达。这个年龄正处于性器期，蛇往往象征男性生殖器。女孩喜欢拿蛇攻击大人，尤其是妈妈，往往潜意识中意味着孩子渴望占有父亲的性器官，同时战胜父亲，与父亲结成同盟去攻击那个抢占了父亲的母亲，同时也攻击了那个抢占了母亲的父亲。因为在孩子的潜意识世界里，他往往认为父母是通过性这件事形成了秘密同盟，从而将自己排除在外。所以，这个年龄段的孩子会有非常多的关于这个部分的攻击性幻想和防御。

对于孩子这样的行为，父母不要有过多的道德判断或惩罚，陪孩子演一出幻想大片就好了。比如改编一下《植物大战僵尸》，和孩子一起利用蛇来玩一个潜意识的暗战游戏，在欢笑中修通孩子的一些幻想。

6

10 岁孩子画色情漫画

　　10 岁的女孩子很喜欢看漫画和画漫画。今天收拾她房间的时候，我扫地扫出几张她自己画的漫画，仔细一看居然是"色情"漫画，还是捆绑那种类型的。漫画大概是关于战国时代第一美女跟将军新婚之夜的故事。我都不知道是该跟她谈谈呢，还是装作不知情。请问这么小的孩子画这些正常吗？

　　10 岁左右是孩子性意识的临界点。10 岁以前，孩子说的与性有关的词，包括与性有关的动作，我们都可以去性化看待。比如有些孩子很早就有自欲性的手淫行为，例如夹枕头、夹腿、自慰、磨凳子等都是非常常见的儿童自欲行为，这时大人千万不要去羞辱孩子，并将这些行为视为不道德、淫荡等。一方面这会导致孩子的行为固着，另一方面也会导致孩子成年后对愉悦自己产生羞愧感、对性行为产生抗拒。

10 岁以后，孩子开始真正萌发性意识。以前他们只是会有男女的性别差异，但这个时候他们开始对异性的身体充满好奇。虽然这时的孩子大多还不知道性行为，但是已经充满对异性的亲近欲望和好奇，有些孩子开始偷看这方面的图片、视频。同时，孩子内心又充满了害怕和紧张，因为人类集体无意识对性的压抑和学校、社会对性的压制，会让孩子产生巨大的身心焦虑与冲突，这就是典型的本我与超我的冲突。

这个时候，父母需要看到孩子的成长信号，要选择由同性父母和孩子沟通，一定不要羞辱孩子，而是用一种很欣喜的态度告诉孩子，他（她）长大了，让他（她）知道每个孩子包括爸爸（妈妈）自己也都有过这样的年龄和好奇的行为，不要将之视为洪水猛兽。最后，你可以告诉孩子，如果对这方面有疑问，也可以邀请爸爸或妈妈一起看，为之答疑。所以，针对孩子画色情漫画的事情，建议您找机会和孩子一起聊聊她的画，可以先夸她画得不错，询问她这是从哪里看到的故事情节，然后进行坦诚的沟通、探讨，最后加以明确的引导。父母不用太担心孩子会过早地发生实际性行为。

父母需要记住的是，影响孩子身心健康的不是欲望，而是冲突。就像早恋，恋爱本身并不会带来麻烦，对恋爱的压制导致的冲突才会带来麻烦。所以，父母正确引导，帮助孩子健康顺畅地释放对性的欲望，孩子就会正常地发展，将性的能量转化成对学习、兴趣爱好等方面的健康的成就，即升华了性的欲望。

10 岁男孩喜欢亲近女生

> 男孩从二年级开始喜欢吃女孩豆腐，比如抱女孩手臂，勾女孩的腰，女孩如果从他身前借过会趁机搂一下女孩的腰，拍集体照时选择站在女孩旁边，手臂紧紧箍住女孩的腰……女孩都非常反感这样的行为。现在孩子已经 10 岁多了，这些行为正常吗？需要提醒父母注意吗？

上文提到过，10 岁以后，孩子开始有了明确的性别概念，开始对身体和异性有一些偷偷的性幻想。同时，孩子内心充满着欲望与道德感的冲突。在这个阶段，孩子对性的话题非常敏感，需要父母和老师给予正确的引导。一般来说，学校都倾向用道德观来压抑孩子，这就导致很多孩子学习注意力不集中、开小差等现象。父母往往没想到孩子内心可能正面临这方面的困扰，这种现象非常常见。

对于孩子喜欢亲近异性，我是这么理解的：孩子在这个阶段的亲近，更多的是在表达对异性的依恋需求，而不是成人层面的性需求。就像有些同性恋，实际不是为了性，而是为了依恋和亲近的需求。也就是说，孩子在 3 岁左右，有一个对同性与异性的亲疏议题需要解决。男孩需要去认同和靠近父亲，同时也面临对妈妈的背叛与疏离。如果这个阶段的任务顺利完成，孩子就会在小学阶段正常地和同龄人交朋友，同时内心会对异性充满好奇和好感，但在距离上会有所回避和掩饰，也就是进入正常的潜伏期阶段。

如果孩子在潜伏期阶段，也就是小学阶段，依然表现出只对异性的好感和亲近，常常只和异性玩，不和同性玩，而且像个低龄段的孩子一样，没有明显表现出两性相处时懵懂的喜欢，不是想要表现出自己的男子气概，反而表现出试图与一个女生发展出像与妈妈融合的行为，这可能说明孩子依然停留在上一个发展阶段——依恋与分离的整合阶段。这就需要探讨在上一个阶段父母与孩子在距离问题上发生了什么不太寻常的事情，这个部分的动力非常复杂。

比如母亲非常严厉，孩子过于想要讨好母亲。或者父亲缺席，母亲和孩子过于亲近，孩子也会表现出明显的幼稚，不敢或不能成熟。因为一个男孩如果总跟女孩玩幼稚的游戏，潜意识中是一种自我阉割的意图，也就是潜意识中不让自己感觉到自己是个男孩，而是把自己当成一个女孩来看待。比如有一些非常肥胖的男孩就是如此，假小子现象也可以做类似的解读。

或者，孩子因为缺失母爱，企图通过与异性亲密接触而进行内心的补偿。只是这个年龄段的孩子常常无法把握女生的心理，容易导致过度的行为发生，令女生反感。但同时，这种反感既是获得注意的一种特殊形式，也是一种对于亲密的反向防御，可以起到很好的掩饰亲密的作用。

　　如果 10 岁以后的男孩子并不是和女生玩幼稚的游戏，而是充满了性的意味，有意展现自己的雄性魅力，那么就不是自我阉割，而是将性欲望付诸行动的表现，这是正常的性心理发展需求。但如果孩子的行为明显地突兀和过度，说明孩子的自我控制力和约束力有所欠缺，也就是说，孩子对于权威和超我的内化可能不够，没有表现出明显的羞愧感和罪疚感，这就需要回到家庭的成长背景中去看了，看看家庭中是否存在这方面的角色缺席或行为榜样的问题。比如父亲长期不在家，母亲无意识中希望孩子变成一个有性魅力的男人，或者孩子身边有其他男性表现出同样的行为问题，孩子出于认同而习得了这样的行为。

　　当然，10 岁的年龄分界并不是一个死规定，还需要结合孩子的发展状态来看。有些孩子早熟，有些孩子晚熟，需要区别对待。具体是哪种情况，还需要更多的信息进一步澄清。

学习问题

孩子的学习问题几乎是父母们无法规避的一个痛点。平时母慈子孝，陪读时鸡飞狗跳，这已经不是个别案例，而是整个社会的普遍现象。孩子学习时总是拖延走神，注意力不集中甚至厌学逃学。在学习这件事上，孩子和父母分别有着怎样的心理动因呢？

1

孩子多大可以送托儿所

　　请问一下，孩子在几岁的时候去托儿所比较合适呢？如果孩子过早去托儿所，比如1岁以内，会对孩子身心有什么样的影响吗？

　　一般来说，孩子3岁才能去幼儿园，这个是有理论依据的。理论上，3岁是孩子分离个体化初步完成的阶段。也就是说，这个年龄段的孩子初步内化了一个好坏兼有的母亲，内心中储存了一个相对稳定的母亲形象。这个阶段，孩子开始接受短暂的客体分离，他可以凭借内心中相对稳定的母亲形象度过焦虑不安的时光。而在这之前，孩子是很难做到这一点的。即便在2岁左右时，很多孩子想要独立、叛逆，什么事情都要自己做，但他们的内心还是非常害怕，需要不时地回头确认母亲的存在，也就是确保他的安全基地的存在，以便可以随时回来充电蓄能。久而久之，经过这样无数次的反复确认，孩子才能形成相对稳定的内在客体形象，才能离开父母独自去幼儿园。

所以，父母如果过早把孩子丢出去，让他整天都看不到之前的照顾者，很多孩子会表现出强烈的依恋恐惧，即便他一开始会很喜欢幼儿园里那么多的玩具和小伙伴，但他很快就会想妈妈了。孩子见不到妈妈，就会很恐惧，而这时老师的功能就非常重要了。但是老师能否做到替代妈妈去照顾孩子，成为孩子内心中那个稳定的存在，这点其实非常难做到。一方面因为幼儿园里需要照顾的孩子太多，另一方面因为老师本身的专业素养和精力问题，导致老师很难及时、贴切地回应孩子，这就会激发孩子对被抛弃的恐惧，形成焦虑型、恐惧型或回避型的依恋模式。孩子可能会哭闹不已，后来发现哭闹无济于事，就学会了屏蔽感受，不哭不闹，好像也不需要大人。父母接孩子回家时，有的孩子没有表现出很愤怒或悲伤，看上去很平淡；有的孩子在饮食和睡眠上会出现一些问题；有的孩子会表现得非常黏腻，一直无法和父母分离，总担心妈妈会离开自己。长大后，面对亲密关系时，他们也会表现出上述情况，无法对爱人形成健康稳定的依恋状态。

所以，如果不是万不得已，建议父母不要过早地将孩子放到全托机构去。有些事情是不可逆的，错过了，就再也没有机会了。有时短暂几年不工作的牺牲，能够换来孩子的身心健康，这样的回报是值得的。

2

5岁孩子专注力差

我的儿子今年5岁，专注力比较差，如何增强他的专注力呢？

专注力差，注意力缺陷，这是全世界孩子都普遍存在的现象。首先在天赋人格层面，有些孩子天性好动，对各种事物都抱有非常高的兴趣。大人应该接纳孩子的天性，给孩子相对宽松的学习环境，引导他找到自己擅长的领域，扬长补短才是最根本的。如果确实是因为大脑发育导致的多动症，目前国际上还没有非常有效的方法来解决这个问题。

排除上述原因，那么就是情绪层面的原因了。如果在孩子很小的时候，父母经常过度关注、过度焦虑，时不时去摸摸孩子、弄弄孩子；或者孩子吃饱喝足时、自娱自乐时或休息睡觉时，总是会被倒腾、逗弄；或者孩子长大一些，父母经常过度关注孩子做事的细节，经常中途给建议、做调整、打断，有很多对细节的标准和要求，孩子常常为此被父母挑剔和批评，这样的孩子到了学龄阶段，就容易出现注意力缺陷的问题。因为孩子没有机会形成完整的思维，大脑无法长时间集中精力思考问题，他们想的更多的是妈妈等会儿又要如何批评我了、妈妈是不是又在盯着我做事的细节和过程、我要怎么做才不会导致妈妈不高兴……孩子根本无法专注于当下的事情。如果是这方面的问题，就需要父母尽快调整自己的教育方式，给孩子一个安全自由的空间，让他做自己喜欢的事情，让孩子感受到信任，孩子自然就能够集中精力去做自己的事。

5 岁孩子喜欢模仿动画片

　　我家孩子 5 岁，看动画片很入戏，很喜欢模仿动画片里人物的语言和动作。孩子的情绪也很明显地受情节影响，看到喜欢的场景会想要一模一样的。父母应该如何理解和反应呢？又该如何看待孩子看动画片的行为呢？

　　从理论上说，动画片等影视作品是一定会影响到孩子的行为模式的，特别对于幼儿园阶段的孩子来说，他们的主要学习方式就是模仿。所以，大多数孩子都会模仿动画片里的人物的言谈举止，这是在信息时代难以回避的问题。孩子通过模仿，从而形成某种认同，再通过认同与反向认同，最终形成我是谁的自我认知。所以，孩子对动画片的模仿、对父母行为的模仿都是在形成自我意识的过程。

同时，孩子能够跟随动画片的情节释放相应的情绪，是一件很好的事情。孩子除了可以习得和体验到各种无法言明的情绪，还可以将内心无法容纳的情绪投射出去。动画片是一个很好的情绪投射对象和载体，就像大人通过看恐怖片来投射内心的恐惧一样。

所以，父母只需要挑选价值观相对健康的动画片给孩子，控制好看动画片的时间，注意对孩子的视力保护，至于孩子如何看、如何学、如何模仿与投入，不用过度干预。给孩子一个空间，让他自己去体验和思考，这是非常重要的。很多父母会忍不住介入和干预孩子的思考过程，甚至强加很多价值观给孩子，这些都会在无形中剥夺孩子自我思考的能力。

那么，父母该如何避免动画片对孩子产生不好的影响呢？我想，最好的方法就是父母陪孩子一起看，然后和孩子讨论你认为需要启发孩子去思考和接收的内容，这样，孩子受到不好影响的可能性要降低很多。毕竟，父母才是孩子价值观和行为模仿的最主要来源。

一年级孩子要不要严抓学习

　　小男孩刚上一年级，除了完成老师布置的作业，我还另外给他布置作业，就是写字和读拼音。大家都说一年级要打好基础，而且老师说他字写得丑。但我发现他变得不耐烦，每次应付式地做完作业，就要去找姐姐玩。我说你们周末才能玩，结果他问我今天星期几。孩子是否压力大了？一年级的时候，要严抓孩子的学习吗？

　　该不该在小学低年级抓紧学习，打好基础？这真是个老生常谈的话题，答案也是众说纷纭、各有道理，父母们也是在不同声音中进行着不同程度的摇摆和对抗。比如，幼儿园阶段孩子如果不学好拼音，小学老师是不会教的；小学阶段每天做完作业就得九十点钟，你不去校外补课，老师就会找父母谈话；等等。不论以上说法的对错，我只说说心理学界一些已获证明的潜意识动力和相关理论吧。

心理学界有一个普遍的声音，认为作业是父母潜意识中对孩子的施虐和报复。因为在自己的成长经历中有过太多不幸福的体验，例如物质的匮乏、学业的压力、父母的忽视等，再看到今天的孩子过得如此丰沛幸福，父母会在无意识中心生怨恨与嫉妒，于是，父母潜意识里会通过让孩子受挫来进行施虐性的报复。

且不说这个理论能否被认同，但有一点是明确的，那就是埃里克森成长八阶段理论所说的，孩子的小学阶段是一个人能力品性的养成阶段，也是决定一个孩子未来能否觉得自己有能力做好事情的关键阶段。孩子在早年获得越多的能力验证，通过自己的努力获得越多的奖赏，他就越相信自己有能力学好，越能激发做得更好的内在动力。

所以，从这个角度说，作为父母或老师，我们不应该过早地让孩子感受到学习的挫折，而是应该尽最大的努力将学习趣味化，尽量开发出好的、有趣的学习方法，让孩子在有趣中学习知识，这是我们作为成人该尽的义务，是我们对教育的责任。

试想，当学校成为竞技场，孩子只能成为竞技品时，是没有哪个孩子有力量对抗得过权威的。大量的作业剥夺了有利于孩子身心健康的游戏活动时间，很多孩子在做作业中感到焦虑和抑郁，导致注意力无法集中，这已经是非常普遍的现象了。

孩子长年累月处在充满逼迫的学习环境中，只能产生一种后果，就是让孩子丧失学习的自主性。而孩子现在被剥夺的、童年所缺失的，未来都会加倍地补偿回来，这在生活中太常见了。一个人如果无法自主地学习，成年后必定也无法自主地工作。而对成年人来说，能够自主地工作，通过工作满足生活需求、实现个人价值，是再重要不过的事情了。然而很多人与工作是敌对的，他们更在意有没有玩乐的时间，想尽办法争取玩乐的机会。可以说，他们其实是在成人的世界中补偿童年的缺失。

健康的孩子会把在玩乐中获得的愉悦感、满足感、成就感、创造感、自主感迁移到成人后的工作中。但那些没有获得童年愉悦体验的孩子，他们成年后无法顺利转化，往往陷入强迫性重复的游戏中，沉溺于网游或其他毫无意义的玩乐，只是为了玩乐而玩乐。玩乐本应该是童年的必需品，却因为在童年时被剥夺了，他们只能在应该好好工作时贪恋玩乐，生活质量也会受到损害。如果一个人把工作视为苦力，那么他的整个人生都令人堪忧。

对孩子来说，游戏是天性，玩耍是营养品，是现在与未来快乐人生的奠基石。这在游戏治疗的理论与实践中已经获得了足够的证明。明白了这些道理，剩下的就是看哪些父母自身人格更健全、焦虑程度更低，处理焦虑与现实压力的能力就会更强。

我始终相信，真正赢在未来的基础不是今天多学了几个单词，早会做几道题，这些对于一个在初高中时有自主学习动力的孩子来说，根本不是问题，他们会快速轻松地赶超。而获得自主学习动力的前提是孩子的内在是轻松、愉悦、自信的，这就取决于在小学阶段父母能否控制住焦虑，保护好孩子自主学习的兴趣与原动力。

5

6 岁孩子写作业不认真

> 　　6 岁多男孩，刚上小学一年级，每天回家都很主动地做作业，但嘴巴、手、脚一直没停过，还唱："你妈打你，你爸骂你，从不讲道理！"他一边读拼音一边玩，气得我用尺子打了他的手，他看了我一眼，不开心，但还是继续读。他是不认真吗？我要怎样做比较好？

　　儿童精神分析理论对于学校、学习、文字、黑板等都有着非常多的象征性联想。学校相当于家庭，老师相当于父亲，黑板、纸张、书本等可以用来书写的东西象征着母亲，于是学习、写字便象征着性交的行为，语文、英语象征着与母亲的性行为，数学、加减乘除相当于攻击性的表达。

所以，非常多的小孩在一年级时出现学习抑制的行为，特别是对某一个学习科目，出现莫名其妙的抗拒，背后的原因往往就是孩子所赋予的象征性联想导致的抵抗。阅读、写作尤其容易触发孩子内心的性幻想。这个年龄段的孩子最大的任务就是尽一切努力去抵制内心深处的自慰幻想，因为伴随着自慰幻想而来的就是恐惧于与母亲的结合所带来的乱伦焦虑，以及来自父亲的阉割焦虑。所以，当你说孩子嘴中自言自语的内容是"你妈打你，你爸骂你，从不讲道理"，我想这似乎更加验证了孩子内心的幻想。因为自言自语非常接近于自由联想，一般都是内心潜意识的语言。而且，在这种焦虑的状况下，很多孩子都会伴随着多动、多话等行为，以此来释放内心的焦虑。

　　至于父母，一般没有能力去处理和理解孩子的幻想和行为。如果孩子在用这种方式宣泄某种东西，同时并不影响学习，我认为父母不需要过度干预。因为，从另一个角度说，孩子的自言自语正是他们学习语言、形成思维的方式和过程。所以，建议妈妈在学习前主动和孩子玩一些身体运动的游戏，帮助他释放能量，同时，帮助孩子通过与父母的联结减少潜意识的焦虑和恐惧，效果会更好。如果父母只是一味地惩罚，会加强孩子对学习行为的幻想。他们会认为自己真的做了坏事，所以真的被惩罚了！

6

一年级孩子调皮不守纪律

> 　　我儿子是一个比较调皮、好惹事的小男生，小动作多。开学才两周就被老师请家长，说孩子课堂纪律不好。我希望帮助他改进，但也清楚孩子是由于本身性格和发育阶段的原因，导致注意力无法很好地集中。但和孩子说这个问题时，我隐约觉得他有点无所谓的态度，顿觉事态有些严重，我该如何处理这个问题呢？

　　现在很多孩子会因为生命早期养育不够好，导致内心情绪不佳、想要更多的东西、无理取闹等现象。孩子想要补偿早期的缺失，导致他们到了幼儿园阶段无法很好地遵守规则。如果在这个阶段父母又没能及时有效地约束孩子，比如温柔地拒绝孩子，坚守一些原则底线，孩子进入小学后，就会缺乏规则意识，也没有对权威的尊重，就会被各种排斥和施压。孩子的能力和品性也因此无法得到有效的发展，渐渐进入一个恶性循环：越无法完成学习，越回避学习，越试图通过违拗叛逆来达成内心被看见的渴望，越适得其反。孩子的心理发展一直处在婴儿早期的母婴融合阶段，需要很多的全能感体验，且无法走进三元以及多元关系。

在这种情况下，妈妈能做的已经不多了，这个时候父亲的作用可能远大于母亲。父亲应该及时走进孩子的内心，让孩子有机会靠向父亲，产生认同，才能形成健康的超我和理想，形成孩子对权威的敬畏，同时形成一定的自我约束，并慢慢将注意力转向同龄人和学习。这个时候，如果母亲还是过于关注孩子，父亲又过于严厉，那么孩子很难有机会完成与母亲的分离，会始终处在一个婴儿被照顾的全能感阶段，没有能力走进现实，很好地完成分化。

当然，也有一些孩子因为人格特质的因素，比较好动，或者因为生理问题导致多动现象。如果是这些情况，孩子的注意力是比较难集中的，父母和老师需要给予更多的理解和包容，至少让孩子在自我价值这个点上不要遭受挫败感，不要让孩子觉得自己的多动是罪恶。允许孩子在不影响他人的情况下手上有些小动作，过于严厉的话，很可能会导致孩子出现抽动症状。

在现实层面，建议父母让孩子多参与一些运动项目来释放身体的动能。同时，父母可以陪孩子做一些自我检视的游戏，比如做到多少堂课没有乱动，可以获得多少积分，可以用积累的积分兑换不同的奖品。这个游戏对于一些孩子来说效果不错。

7岁男孩做作业爱生气

我家男孩7岁，平时自己做作业时容易生气，会出现捶桌子、打平板电脑等行为。平常简单会做的题也做不出来，一定要父母陪伴才能好些。请问老师，我该如何引导他改变呢？

7岁应该是读一年级的阶段，孩子需要完成老师布置的作业，但这个时候，孩子还没有完全理解学习这件事。他们想不通也无法接受为什么要自己一个人去做那些无聊的事情，而父母却不和自己一起做，同时，父母可以做很多好玩的事情，自己却不能参与。因此，一年级的小朋友对做作业会有非常多的抗拒，例如跑进跑出、时不时叫妈妈过来等行为。孩子会生气、捶打桌子也算是正常的愤怒表现了。很多时候，这些愤怒来自孩子发现不能像小时候一样，可以被照顾和依赖，可以让世界围绕自己的喜好来转，现在却有很多自己无能为力的事情，比如做不喜欢的作业、有不会的题等。

很多父母这时常常犯的两个错误就是：要么惩罚孩子的愤怒，加倍严厉阻止孩子的行为；要么被迫陪在孩子身边写作业，导致孩子形成不好的学习习惯和依赖心理。碰到孩子不会做的题，父母可以让他学会先空在那里，先做后面的，容纳焦虑，然后一次性地来找父母寻求帮助。父母在辅导孩子不会做的作业时，一定记住不要急躁，要有耐心，不要以成人的智商水平去度量孩子的水平，认为孩子怎么这么笨，这个都不理解。急躁和批评会极大程度地挫败孩子的自我效能感，让他们变得越来越抗拒甚至害怕做作业。

这个时候，需要父母去看见并共情孩子，安抚他受挫的无力感。父母要允许孩子生气，说出他心里的无奈和愤怒，也可以通过让孩子捏发泄球、拳击不倒翁等游戏帮助孩子释放攻击性和愤怒，等孩子心情平复了再让他继续做作业。千万不要将情绪与学习混杂在一起，让孩子带着情绪做作业。建议家里大人谁脾气好谁负责孩子的作业辅导，如果脾气都不好，就花钱找老师指导，一定要找脾气好又有方法的老师。

通过这样的坚持和重复，孩子就会知道，这个世界上就是会有一些事情对自己来说是有些困难的，但不管怎样，父母都会陪伴在他的身边，陪他一起面对困难，而不是碰到困难就选择发泄或逃避。孩子在感受到被支持与理解的时候，是可以接受父母的引导的。慢慢地，孩子的内在力量也会越来越强，越来越有信心去独自面对困难。一般情况下，到了二年级，孩子就不需要也不应该再在学习的问题上与父母纠缠不清。

8

四年级男孩不会写作文

我儿子现在读四年级，他最大的难题就是作文。他很害怕写作文，在学校里写能勉强挤出来一些，但每次都扣很多分，因为字数不够。在家里写作文，他特别依赖我们，一提笔就说不会写。我们试过帮他厘清思路，但他依然不会写，不停地说"我不知道怎么写"，听得我们非常抓狂。他的问题到底出在哪里？

首先，从技能层面看，孩子应该还没有学会基本的写作方法。其次，从意识层面来理解，孩子可能在学习写作的过程中被羞辱或惩罚过，导致内心积压了过多对于写作的恐惧，父母和老师在辅导时也难免会有急躁的情绪，加剧了孩子的恐惧。孩子不敢开始写，不知道如何写，缩手缩脚，缺乏开始的自信。

在辅导孩子功课时，很多家长都体会过这样的情境：父母一旦开始急躁，孩子会变得更"笨"，连最基本的一加一等于二可能都回答不出来。这时候，需要父母停下来，什么也别说，调整好自己的情绪，让孩子感受到被接纳和理解。当孩子心情平复下来后，会和父母一起面对，这样孩子的状态会慢慢地好起来。当然，也可以找一个孩子喜欢的老师辅导写作。我曾经辅导过女儿的一个同学写作文。那个孩子最初写作水平很糟糕，经过两次游戏后，孩子拓展了思维，放松了心情，在写作方面的变化就很大。对此，我也算是深有体会。

另外，如果孩子一开始就存在阅读或书写方面的障碍，那就需要从儿童潜意识的动力性层面去理解和分析。很多时候，写作这个动作本身象征了孩子内心的攻击性释放，而作业本代表着母亲的身体。就像文人墨客书写文字，洋洋洒洒，这些往往具有很强的男性魅力和自信，也都是敢于直接释放自身攻击性的人。所以，在本子上写作，其象征化的表达就像是在肆意地攻击母亲的身体，释放自己的男性魅力。如果男孩对此有着很大的抑制，那么意味着他对自己的男性攻击性和性发展有着潜意识层面的恐惧与抑制，一般这样的孩子还可能表现出肥胖、内敛、怕黑、喜欢和女生玩等行为。出现这些行为的孩子很可能存在父亲或母亲过于严厉、一直没有和母亲分床等情况，这些都会导致孩子过于恐惧。如果是这样的话，就需要对孩子做一些潜意识层面的游戏治疗干预，帮助孩子释放攻击性，去除内心的恐惧。同时，也需要父母表现得温和一些。

具体如何进行游戏治疗干预，可能需要做一些儿童心理游戏方面的测试，以便更有针对性地解决问题。

9

四年级男孩书写有困难

> 11岁男孩，总是记不住汉字的写法，写作文时很多字都用拼音表示，而且拼音也不是很好。同时，孩子在学英语单词方面也存在困难，学过的单词大多数会念，但能写出来的单词不多。无论汉字还是英文，孩子的字都写得非常难看，注意力也不集中，天天写不完作业。这是什么原因？该怎么办？

从学习习惯的角度看，父母可以看看孩子最早学习基础拼音及书写时的方法和习惯是否存在问题。如果是学习方法导致的问题，最好找比较专业的老师帮助孩子，学习如何掌握中英文的读写规律。

从精神动力的角度看，用偏旁拼凑成完整的汉字，用字母拼凑成完整的英文单词，与小时候搭建房子和玩洋娃娃的游戏的意义是一样的，都是在建立相同的内在情境。对孩子而言，一本整洁、井然有序的练习簿，象征着房子、家以及健康且未被伤害的身体。字母和数字，象征着他的父母、兄弟姐妹、小孩、性器以及排泄物，这些都是孩子原始攻击倾向的工具，也是他进行修复的工具。成功地完成作业，是孩子感到不害怕的证据，就像玩洋娃娃和布置房间一样。所以，如果孩子不能集中注意力完成作业，不能完成单词的拼写，意味着他内在对父母的攻击焦虑比较高，没有完成内心的修复。

所以，父母需要回到与孩子的关系层面，让孩子感受到父母的温和与爱，才有可能平复孩子内心的焦虑，使他内化出一个好的客体。

游戏问题

游戏是孩子的语言，但孩子们在玩游戏时总会出现各种各样的问题：有些孩子输不起，只能赢；有些孩子沉迷于电子游戏……孩子们在不同的游戏中寻找着怎样的精神满足？而令人焦虑的游戏成瘾背后到底有着怎样的心理动因？

1

孩子玩游戏输不起

很多家长会说:"我一直告诉孩子,输了不要紧,考试考不好没关系。也从来没有因为这些原因指责过孩子。可是他面对输赢为什么还是会有那么大的反应呢?"

✦

第一个原因,很可能就是这种急于表达"输了没关系"的意图,反而导致家长忽略了孩子的负面情绪,没有及时给予孩子安慰。

举个例子。当孩子因为输了棋或者输了球不高兴时,我们第一句话会怎么说?有的大人会说:"输了就输了嘛,有什么大不了的。"或者说:"不至于吧,不就是输个球吗?"甚至会说:"你这孩子怎么回事,你要总这样输了就耷拉着脸,下次干脆别玩了!"这些话的效果只有一个——火上浇油。即便孩子这次没发脾气,但是情绪也会积累下来，等到下次或者下下次，会以更激烈的方式表现出来。

还有的家长的安慰方式是"讲道理"。比如：你虽然跑步没得第一，可是你跳绳是第一啊；你知道吗，妈妈小时候比你跑得慢多了，经常是倒数第几名；你还记得 ×× 那本书里说的吗，一个人不可能每件事都得第一的；你知道吗，其实输的时候才能学到更多的东西；等等。

这类过度的劝解，反映的是我们担心孩子受不了失败，而这种担心往往会被孩子捕捉到，进而加重他的负面情绪。这些道理不是不对，而是说的时机不对，父母要等孩子的情绪平静下来再说。情绪没过去的时候，我们只需要陪孩子一起面对情绪。就好比孩子摔倒了正在疼的时候，我们只需要共情他，"哎哟，好疼啊"，然后镇定地陪着他。要相信疼痛肯定会过去，孩子能承受得了。等疼痛过去了，孩子的情绪稳定了，再找机会给孩子讲一些道理，他会更能接受。

第二个原因，社会大环境传递出的信息，其实并不像我们说的"输赢没关系"。

在学校里，老师更喜欢成绩好的孩子；在小伙伴中，比赛赢了的孩子会得到更多赞扬；在面对父母和亲朋时，大家不经意间流露出来的也是对"第一"的向往，以及对孩子的名次和成绩的关注。即使是父母自己，虽然很多时候嘴上说"输赢没关系"，没有因为失败而指责孩子，但是当孩子获得胜利时，父母下意识表现出来的巨大的欢喜也在向孩子传递他们对输赢的真实想法。

我绝不是要父母们在孩子赢的时候故作平静。孩子表现出色，做父母的感到高兴，这实在是一件天经地义的事。关键在于，我们的开心、我们对孩子的喜欢和欣赏，如果只发生在孩子赢的时候，那就值得注意了。因为孩子会非常敏锐地捕捉到我们对输赢的真实态度，并且很快把我们的态度转化为他自己对待输赢的态度。

那么，如果孩子过度在意输赢，我们该怎么办呢？

过度在意输赢的孩子实际上是在释放"我需要帮助"的信号。他们需要的是父母的关注，需要的是父母的亲近和爱。过度的争强好胜，往往源于孩子内心的孤独、不受重视、得不到帮助、缺乏掌控的感觉。孩子要通过赢，通过得第一名，通过战胜对手来让自己感觉好一些。

我们不一定非要找到导致孩子这种状态的根源，我们可以帮助孩子卸下这种情绪的负担，让他放松下来，让他感受到亲密、关注和爱。

4 岁女孩玩躲猫猫总是哭

4 岁的女儿和表姐妹玩捉迷藏（爸爸指导），第一次姐姐很快发现她躲的地方，她大哭；第二次和表妹一起躲，表妹出声暴露目标，她大哭；后来表姐说不玩了，她又大哭。每次大哭，她都会找妈妈，我抱着她后，她会哭得更大声。这种哭代表什么？她以前玩捉迷藏不会这样。

在儿童心理发展过程中，躲猫猫游戏是一个具有重要心理意义的游戏。很多大人在玩这个游戏的时候，故意在发现孩子时不说话，装作听不见、看不见，这时孩子就会非常兴奋地跳出来。对孩子来说，这意味着他拥有对于妈妈存在和消失的控制感，他为这种全能感与控制力感到愉悦和兴奋。这是孩子分离个体化后期所需要的重要体验，是完成与妈妈分离所必需的一个游戏，很多成年人对躲猫猫游戏依然乐此不疲的原因也在于此。

明白了这一点，对于您提到的孩子总是大哭的原因就非常好理解了。被找到、被暴露、被放弃，这些都会让孩子感觉到失控，会破坏掉孩子内心中对于找到与被找到的掌控感。有些孩子这时会表现出极端的愤怒、悲伤和委屈，大人往往不能理解其中原因。所以，当您抱着孩子的时候，她的情绪彻底爆发，内心充满了委屈和愤怒，而这些都是孩子在潜意识中体验的情绪，她自己是无法主动言说的。

这个年龄段的孩子潜意识与意识非常接近，常常用游戏表征内心的想法，大人一定要学会尊重孩子的游戏节奏，让他们获得更多的主导和掌控感，共情孩子的情绪。这样，孩子就能够在游戏世界里慢慢地提高和完善自我功能。

3

6 岁男孩不遵守游戏规则

6岁的男孩，与同龄小伙伴玩耍时特别兴奋，喜欢模仿、跟随别的小朋友。但在玩游戏的时候，他如果不理解游戏规则或沟通不顺畅，就会情绪激动地搞乱甚至迁怒于人，或者一定要求得到和其他小朋友一样的待遇（有时客观条件不允许），家长该如何去调整与引导？

对于这个问题，可以分两部分来回答。一方面，小男孩愉快地和同龄小伙伴玩耍，说明孩子在健康地发展，符合这个年龄段孩子的心理发展任务。至于您说的那些模仿、跟随，正是这个年龄段孩子的主要学习方法。这些并不是问题，而是正常且必需的学习方式。

另一方面，对于您提到的孩子一旦不理解游戏规则或沟通不畅而产生的情绪反应，这是值得思考的。孩子的行为反映出一个关键的情绪状态，就是他没有学会容纳内心的挫折，需要被即时和无条件地满足。原因可能是，孩子生长在缺少父亲介入的家庭里，还处在和母亲的二元关系中，才会表现出这种无理取闹的孩子气行为。孩子只有在父亲成功介入母子二元关系时，才有机会学习如何与父亲分享母亲，学会妥协与平衡。所以，解决问题不能简单地"头痛医头，脚痛医脚"，而是需要从根本上解决问题，让孩子接受父亲的介入，将"母—子"的二元关系转化为"母—子—父"的三元关系。这个过程需要妈妈的引导和配合才能顺利完成。

所以，建议您和先生、孩子一起玩一些家庭亲子游戏，特别是一些对抗性的游戏，如枕头大战、棋类游戏等，让孩子体会输赢、游戏规则与尊重等议题。

另外，如果是生理发育问题导致的冲动控制能力的缺陷，可以在家里玩一些"红灯停，绿灯行"之类的行为控制游戏，既可以帮助孩子练习控制兴奋情绪，又可以增进亲子关系，还可以释放孩子内心的压力，一举多得。

4 岁女孩害怕竞争

女儿快 4 岁半了，有时候会表现出害怕竞争的状态。比如跑步，表姐跑步超过她，她就停下来大哭，说不跑了；比如吃饭，需要奶奶喂，我鼓励她自己吃，和表姐一起比赛，她就不肯；学校举行比赛型活动的时候，她有时候也会故意说困不参加。这种情况家长应该如何引导？

首先，没有人愿意在经常输的情况下还喜欢去和别人比，成人如此，孩子更是如此。

其次，父母常常喜欢拿孩子去比较、让孩子去比较，潜意识里是希望孩子能赢，能够不被社会淘汰。从更深层、更现实的角度说，就是希望孩子未来强大了，自己能老有所依，希望自己未实现的梦想能有人去替你实现。

吃饭、跑步以及其他娱乐活动，对孩子来说，原本都是快乐的新奇体验，但当这些活动被赋予了输赢的意义之后，会深深地击中孩子的自我价值感。特别是对 4 岁左右的孩子来说，他们正好处于分离个体化的整合阶段，希望感受到自己的强大，希望体验到自己可以不需要依赖大人、独立去做很多事情。因此，在这个阶段给孩子赋能是非常关键的，要让孩子感觉到自己真的有能力做到很多事，你也非常愿意欣赏孩子的作品和成就，这样，她才能越来越自信地参与更多的尝试和努力。

父母不能一味逼孩子去竞争，更不能责怪孩子没有能力面对失败，那样只会让她越来越陷入无助的感觉中。父母首先不要主动让孩子去竞争，同时，当孩子无法避免地被卷入一些竞争时，要更多地站在孩子的立场，体会她内心的恐惧和对自己的怀疑。比如跑步这件事，您可以告诉她：妈妈知道你现在很害怕，表姐比你大，所以表姐超过你没有关系，等你再长大一些，你一定会比现在跑得快很多。比如吃饭这件事，是非常不建议用比赛谁吃饭快来刺激孩子的。即便要比，也是和大人比，让大人故意输给孩子，最多偶尔赢孩子一两次，还可以创造出饿死鬼、大胃王的搞笑形象来赢孩子，而不是打击她的自尊心。父母不用担心孩子会因此变得骄傲自满、未来输不起，当她内心足够强大时，她自然能够面对现实的挑战和输赢，但绝对不是现在。

根据您的描述，孩子现在已经很害怕被比下去。当她以困为理由回避竞争，甚至不惜放弃自己感兴趣的活动时，您需要做的绝不是怎么引导她、逼迫她战胜恐惧，"勇敢"地接受挑战，而是学会共情她内心的恐惧，一点点地鼓励她，增强她的自尊心。

5

10岁孩子沉迷游戏不肯学习

儿子快10岁了，总是沉迷手机游戏，作业也经常不愿意做。当家长的已经控制自己极少在他面前刷手机了。为了不让他玩游戏，我们还给手机设置了密码，但还是没用，他总会偷偷下载游戏玩。家长该怎么办呢？

孩子玩游戏，确实是很多家长难以掌控的问题。在这里，我想澄清一个概念，并分享一个案例。

游戏，是很多孩子的兴趣爱好，甚至是很多孩子未来的职业所在，而这个正是心理学里的一个概念，叫过渡空间。孩子们通过游戏、思考、娱乐和任何感兴趣的行为，逐渐形成自己的世界观和思维，所以，我们不应该将孩子玩游戏的行为一律视为坏事。假如孩子迷恋上的是打球、画画,大人还会这样担心吗?我想答案是否定的。区别就在于我们对游戏的性质的认识。我们认为玩游戏是没有前途的。所以,我想从思维形成和兴趣的层面和大家做一个本质的思考。

怎样区分成瘾行为和兴趣爱好呢?这个度该如何把握?当孩子发展到对其他事情都没有兴趣,不能正常地学习,也没有别的娱乐方式,游戏的时间需求越来越大,无法自控,不能被中断,甚至出现不让玩就各种难受等戒断反应时,就需要注意了——孩子的兴趣爱好已经变成了一种逃避现实的重复行为,他们在游戏中寻找生活里缺失的东西。这时,父母必须进行适当的干预和引导。

举个简单的例子,很多成功人士同样爱玩游戏,但他们可以随时停下来,照常去工作、陪伴家人等。游戏对他们来说只是一个放松和娱乐的工具,不存在成瘾问题。但他们如果沉迷游戏到不能正常工作、不能和家人相处,那么就需要戒断。

那么,该如何正确培养孩子的兴趣爱好,避免孩子游戏成瘾呢?最核心、最重要的是爱与陪伴。

如果父母能有更多时间陪伴孩子,关注孩子的内心世界,游戏的吸引力永远不会大于父母的陪伴。所以,父母可以做的事就是陪孩子一起玩他喜欢的游戏,将爱注入游戏,这样孩子就不会失控成瘾。父母也可以陪孩子一起打游戏,将从游戏中收获的感悟、体验迁移到生活中的其他事情中,引导注入健康的价值观。这样,孩子就不太可能沉迷于游戏，父母也不用过于担心。

最怕的就是有些父母自己不愿意陪孩子，还嫌孩子的话题和活动太无聊，拒绝与孩子玩，甚至主动让孩子自己去玩游戏，只是为了让他不来烦自己。这种情况下，孩子自然会感到无聊，从而迷恋上游戏里的即时满足和各种符合人性需要的游戏设计，最终变得对游戏无法抗拒。

小学阶段，确实是一个对游戏、娱乐容易迷恋的年龄段。这个年龄段的孩子因为有学习压力和各种规则制约，需要压抑内心对快乐的欲求，而生理的发展又决定了他们内心的需求在急速增长，于是，孩子们容易早恋、迷恋明星、迷恋游戏等，这些都是在帮助孩子释放内心喷发出来的本能的欲望。

而大多数孩子，哪怕再乖的孩子，也很难在这个年龄段形成良好的自控力。那么，当孩子无法自控的时候，我们需要的是对他无法自控的理解，而并非愤怒和指责。我们可以这样告诉孩子：爸爸妈妈理解你很想玩，也理解你想停止但似乎停不下来的状况，爸妈像你这么大的时候也是这样子的。与此同时，我们也要坚定地告诉他：但爸妈必须得让你停止在这个地方，这就是规则，也是对你的自控力的训练。未来，我相信你能够做到收放自如，那时你就能够享受学习也享受娱乐了。孩子一开始肯定会发疯一样地反抗，这时，父母需要做的不是与他对抗，不是小题大做，而是让他释放一下愤怒，坚定地在旁边等着他，坚定地相信他会做到按约定去完成学习任务。几次之后，孩子应该就能确定地了解自己在做什么、父母的底线在哪里。

　　同时，建议父母和孩子一起做一份游戏时间表并打印出来。孩子每天的游戏时间可以清晰地呈现在纸上，玩过了就打钩，某一天超过了规定的游戏时间，就会失去下一次玩游戏的机会（将第二天的游戏时间直接打钩去掉）。这样，孩子就会形成可控可视的自我控制感。

　　当然，在这个难以自控的年龄段，我不太建议让孩子接触到那些充满诱惑的游戏。毕竟，孩子的自我功能还没有强大到可以抵制游戏设计者精心设计的心理局。所以，建议父母不要让小孩子太早接触到大型游戏，小型的益智类游戏完全可以满足孩子的娱乐需求。

6

12 岁孩子不让打游戏就摔东西

12 岁的男孩子总是在家里打游戏、玩手机，我们一说让他别玩游戏，他就发脾气摔东西。我们现在都没办法和孩子沟通了，一个字没说好，他就发脾气。初中开始他就要住校了，我们都不知道以后该怎么教育孩子了。

从您的描述中，能感觉到您目前和孩子的关系有些紧张，沟通存在障碍，甚至畏惧到不知道该如何说话才能不引发冲突。我认为应该从以下几方面来分析。

首先，从孩子的角度看。青春期是叛逆的阶段。叛逆并非指什么都要和父母对着干，而是说孩子的自我开始觉醒，需要发展出对自我的独立的确认，他们需要认为自己是成熟的、不依赖的、独立的。

其实，在这个阶段，如果父母一直以来就和孩子保持着良好的沟通，他们是叛逆不起来的，因为他们能够发出自己的声音，做出自己的决定。父母不是以一个反对者、压制者的角色出现，孩子也就没有叛逆的机会。如果在这个阶段，父母依然停留在早期管束孩子的状态中，认为可以依靠威逼利诱达成管理目标，孩子就会越来越叛逆。

另一方面，青春期的孩子内心在体验着独立与依赖的拉扯，就像2～3岁的孩子第一次经历独立与依赖的拉扯一样，在这一阶段，他们会变得不可捉摸、情绪不稳定，有时很依赖父母，有时又很抗拒自己的依赖。同时，因为决定要离开父母，他们的内心也会产生很多的悲伤甚至抑郁，他们需要通过对父母莫名地发脾气来让自己有勇气完成分离。这个时候，父母最应该做的是理解孩子内心的折磨和拉扯，主动保持距离，在孩子需要自己的时候出场，不需要的时候远离，这样可以让孩子减少很多情绪困扰。

其次，从父母的角度看。孩子沉迷游戏，父母自然会很操心，但从您的描述中可以发现，您和孩子的亲子关系保持得并不好，孩子不是很信任您，他才会逃进游戏里。要让孩子不沉迷游戏，只有一个办法，那就是父母经常陪着孩子一起玩。可以随时停下游戏，然后高高兴兴地去做该做的事——父母玩游戏的时候如果能起到这样的示范作用，孩子也不太可能沉迷其中。

当然，孩子已经13岁了，基本上已经过了可以走近他、陪他一起玩、建立关系和影响力的年龄段。现在，您能做的，可以以朋友和成人的身份给孩子写一封信，带着尊重和理解，真实地说说您作为父母的心声，相信孩子会被感动，并且有所变化的。很多时候，成长就是一瞬间的触动。而这个触动，是孩子用很多年的时间，用叛逆、愤怒、呐喊所换来的。

或者，你们也可以和孩子一起看一些不错的青春题材的电影，比如《心灵捕手》。看完电影，可以和孩子有适当的交流。有时候，即使什么都不说，孩子也会懂得其中深意，内心会有所触动。

此外，您也可以把孩子交给咨询师，通过专业人士的帮助，与孩子重建良性的沟通。毕竟，这个年龄段的孩子最希望获得的就是同伴的认同，以及他喜欢的长辈对他的欣赏、接纳以及引导，这是他们内心最渴望获得的关系。至少，父母需要知道并做到的是：永远不要和孩子在游戏这件事情本身做斗争。那样的话，结果往往是糟糕的。

亲子关系问题

每一个家庭系统都有着特定的亲子关系模式。为什么孩子心中父母的形象可以瞬间从天上掉到地上？我们该如何看待孩子对父母的各种不耐烦与攻击行为？孩子对待父母的爱恨情仇背后到底有着怎样的心理动因？

1

如何处理继父与 2 岁儿子的关系

妹妹再婚不到半年，刚开始，她 2 岁半的儿子也听继父的话。但是继父对孩子比较严厉，孩子捣蛋（吃饭不认真等）就会加以责罚。现在，继父叫他干任何事情（换衣服、洗手、收拾玩具等），他都不予理睬，除非妈妈让他做。妹妹很苦恼，她该怎么办？

2 岁半是孩子自主性发展的关键阶段，被支持和允许按自己的方式探索世界的孩子，未来会形成坚定的自主性，能够主动、乐观地去探索和尝试新鲜事物。如果自主性没有得到充分发展，孩子就会变得羞怯，不敢尝试，也不太能坚持自我。

所以，现在孩子能够对继父表示抗拒，也算是坚持自主性的一种努力。调皮捣蛋是这个年龄段孩子的主要行为，也是他们认识世界的主要学习方式。建议父母在保障孩子安全的基础上，随便孩子怎么去折腾，遵循孩子的节奏，不要用大人的标准来压制他，更不要去惩罚。

另外，3岁左右孩子开始从与母亲的二元关系逐步进入与父母的三元关系。父亲开始进入孩子的世界时，可以在一些重要的、原则性的事情上严肃，帮助孩子形成自身社会超我的部分。但孩子并不需要一个严厉或情绪暴躁的父亲，这样孩子才能形成自己的超我约束，而不是出于恐惧去服从。不论孩子因为父亲的强大压制选择屈服还是叛逆，我想这都不是父母希望看到的。建议这位父亲调整自己的教育观念，做一个有耐心、不失威信、令孩子崇拜、有力量的父亲，而不是一个让孩子害怕或疏远的父亲。

同时，由于是再婚的特殊情况，妈妈需要平衡自己内心的冲突。因为，不管继父是不是严厉，可能都会引发夫妻间的一些担心和矛盾。毕竟，这个男人不是孩子的亲生父亲，在潜意识中，继父也多少会对这个孩子有一定的嫉妒和仇恨。即使是亲生儿子，父亲也一样会有一些竞争与敌意的潜意识存在，何况还是继父。所以，继父的严厉和责罚，某种程度上可能是一种无意识的对妻子和妻子前夫的报复。

妻子应该看到并接受这个关系的本质，不要试图要求继父像亲生父亲一样对待儿子，也不要试图让孩子把继父当作自己的亲生父亲，他们之间只能是在无欲无求的自然相处中发展出一些亲密的关系。试图让他们变成像亲生父子一样亲密无间的意图本身，也反映了妈妈内心对再婚关系的恐惧和对孩子的愧疚，而这些情感都是需要妈妈自己去处理好的。建议妈妈坦诚面对内心的这些情绪，与丈夫坦诚沟通。毕竟妈妈在这些关系中的角色不是那么容易承担的，需要她有更坚定的自我。

2

3 岁孩子有事不愿和妈妈说

宝宝现在 3 周岁整，之前没有跟着我们生活。最近两个月，突然发现孩子有事不主动和我们说了，比如，奶奶给他喝了凉奶，肚子不舒服，我问他，他才告诉我。别的事也不主动说，有时候怎么问也不说。以前，他有什么事情都会告诉我们的。我该怎么办？

首先，您需要确认的是，孩子只是对你们不说，还是对奶奶也是这样？如果只是对您这样，那么并不代表孩子不会说，不会寻求帮助，因为孩子天生都会寻求自己依恋对象的帮助。如果孩子突然对您沉默了，那么很可能意味着孩子失去了对您的信任。按照依恋理论，孩子似乎已经形成了回避的依恋状态。也就是说，在他需要帮助的时候，妈妈经常都是不在的，是依靠不住的，不能够通过自己的努力让妈妈留下来。造成这种状况的原因可能是，妈妈每次离开的时候没有很好地关照孩子的恐惧与害怕，离开得太突然，或离开的时间太长。时间一长，次数一多，当妈妈再离开时，孩子会表现出无所谓的态度，当妈妈回来时也一样，比较淡定，没有太多开心、失望或者愤怒的反应。大人有时会觉得孩子懂事了，长大了，但其实是孩子已经失望了。孩子在告诉自己：这个妈妈是不可靠的，是不能信赖的，我得靠我自己。所以，他会选择沉默，选择憋住不说，那是孩子形成的自我保护的心理机制，避免自己过度无助。如果是这种情况，建议妈妈花更多的时间和精力有意识地去陪伴孩子，照顾孩子的身心需求。在孩子3岁以前，妈妈要尽可能亲自带孩子，与孩子有良好的互动，不要与孩子有长时间的分离。

其次，妈妈因为不能经常和孩子在一起，会对孩子表现出更多急切的关心，想要知道孩子过得好不好、开不开心。这种心情可以理解，但往往这种急切会带着焦虑，而这种焦虑往往会不自觉地投射到孩子身上，给孩子带来压力，让孩子不知所措。特别是当这个压力指向他内心的养育者奶奶时，孩子会更加回避表达这些东西，因为孩子最怕的是因为自己而引发大人之间的冲突。妈妈需要反思审视的是，是否曾因为这样的询问造成了一些大人之间的矛盾冲突。

3

4 岁女孩嫌妈妈丑

4 岁半女儿会说：我觉得某某阿姨好漂亮，我好想要她做我妈妈。我问她那妈妈怎么办，她说你可以做外婆。孩子为什么会有这种表达？最近几个月，她这样说过几次。

4 岁是孩子形成性别认同的主要阶段，女孩子对美丽的女性有好感，说明自身的性别认同发展得不错，反映出她希望自己成为一个美丽的女性，非常符合这个年龄段女孩的性心理发展特点。在这个阶段，孩子会同时表现出对爸爸的亲近，对妈妈的远离，这都说明孩子正处在顺利的性心理发展过程中。

在这个阶段，妈妈就变成了孩子的主要竞争对手，成为她的"敌人"。孩子会在无意识中用这样的方式间接攻击妈妈，希望妈妈快点老去，变成外婆，自己就可以变得越来越漂亮，顺理成章地嫁给爸爸。健康的妈妈能接得住孩子这些幼稚的敌意。这也是孩子将来能离开妈妈，成长为一个独立成熟的个体所必需的经历。

如果妈妈因为孩子的这种表达而受伤，说明妈妈的自恋有些受损，反映出妈妈对于女性身份的自信心问题。而且当女儿和父亲更亲近，会激起妈妈无意识的嫉妒和敌意，这是非常常见的现象。妈妈需要在这方面做一些自我探索。

另外，不管是孩子无意识的攻击，还是对自我形象的认同需要，都建议妈妈多注重自己的形象，让自己变得漂亮一些。这里的"漂亮"更多指的是生命的活力，这对于孩子来说，是安全感和自信心的重要来源。同时，健康美丽的妈妈，也是孩子学习的一个重要榜样。

爸爸太严厉，孩子变得很胆小

我是职场妈妈，儿子6岁，日常生活是由婆婆照顾的，爸爸比较严厉，孩子调皮捣蛋就会加以责罚，比如不收拾玩具、吃完饭吃零食等都要说教一番。现在孩子变得怕事，越来越内向，吃东西也偷偷地吃，不敢表达自己的想法，该如何是好？

孩子的性心理发展都会经历这样的一个过程：从对抗父亲、害怕父亲，到想要靠近父亲，试图取得父亲的认同，模仿父亲，最终成为父亲。对男孩子来说，6岁是一个开始与父亲靠近和认同、竞争与对抗的年龄段。在这个阶段，父亲需要与孩子建立良好的信任关系，让孩子有一定的规则意识与敬畏，同时又能给到孩子一种感觉，即父亲是强大的、有力量的，他会一直在背后支持自己，成为力量与规则的代表，也是心中的楷模。这个阶段与父亲的相处，会奠定孩子未来追求理想的基础。

如果父亲在这个阶段过于严厉，孩子会出于恐惧而认同，但这样的认同是带着距离的，是无法产生驱动力的。同时，孩子会有很强烈的罪疚感和畏惧感。因为孩子在无意识中本来就在和父亲竞争着母亲，父亲表现得过于严厉，孩子会觉得是自己犯了错误，做了不该做的事情，才会被父亲惩罚，于是会变得退缩和恐惧。

回到您的问题，忙碌的妈妈，严厉的爸爸，孩子自然学会撒谎，偷摸做事，胆小怕事，或走向叛逆、自我放逐。孩子的情感空缺是没法通过自己的理性来填补的，他只能用行为表达需求，只能通过大人的帮助来修复。针对孩子目前的状况，父母都需要及时地做出调整，可以严肃但不要严厉，要注意情绪的稳定，不要脸红脖子粗地对孩子吼，或是试图通过讲道理改变孩子的行为，这些做法都是在将孩子推开。没有情感连接的互动都是无效的，孩子只会因为感受到爱和理解而改变自己的行为。

你们可以试着召开家庭会议，营造一个平等尊重的家庭氛围，鼓励孩子表达自己，让他知道，他可以自由地表达想法而不会受到父母的批判，让他慢慢找回自信。同时，父亲可以多陪孩子玩一些对抗性的亲子游戏，重新建立亲子间的连接，孩子的状态才会得到改变。

5

7 岁女孩不懂得关心人

晚上吃饭的时候，我肚子不舒服。这时，女儿过来让我学她做一个动作。我告诉她，妈妈肚子痛，不想做。她马上一脸严肃地说，肚子痛又不是手痛。我感觉女儿的回答好苛刻，有点恐怖，同时也挺失望的，孩子一点都不懂得关心别人。请问 7 岁孩子的这种表现是否正常？

孩子对妈妈的关心是 6 个月大时就开始自发产生的。这时候，孩子进入抑郁期，开始担心妈妈会被自己的贪婪吸吮和愤怒攻击所伤害，就会产生弥补和照顾妈妈的想法，你会看到有些小孩子会有把奶瓶往妈妈嘴里塞等行为。而随着孩子的成长，他会自然而然地发展出感恩和照顾的部分。也就是说，不存在天性不懂得感恩和关心的孩子，只是后天的养育出了问题，才会培养出一个冷血的、不懂关心和感恩的成人。

当孩子一脸严肃地说"肚子痛又不是手痛"的时候，您是否有似曾相识的感觉？可以仔细回忆一下自己和先生平时有没有这样对待过孩子？因为孩子的很多行为都是从父母那里习得的。

另外，对于 7 岁孩子情绪化的表达，父母千万不要上升到不懂得关心人、冷漠的高度，否则会导致孩子内化父母对自己的评价，真的变成一个不懂得关心人的人。在养育孩子的过程中，父母要经得住孩子无数次的无情攻击，还能够保持健康、自信、快乐，孩子才能够健康地成长。对于孩子的"无情"，父母需要理解和宽容。

最后，值得注意的是，您在评价孩子时用了"苛刻"和"恐怖"这两个词。可以思考一下：为什么会瞬间陷入这样的情绪和担心中？您的描述给我的感觉是，妈妈似乎在无意识中将自己的情感需求嫁接到了孩子身上，试图从孩子那里获得一些情感的慰藉。那么，需要问问自己：您和先生的关系如何？你们之间的情感连接深度如何？先生是否给到您足够的关心和支持？这些都会影响您对于不被关心的敏感度。

6

青春期女孩不体谅父母的辛苦

　　青春期的女儿总让我觉得一点都不体谅家长，在她眼里看不到家长的辛苦和累，她总觉得我过得很悠闲轻松。很多时候我都觉得自己养了只白眼狼。她还说我就养了她一个，有什么辛苦的。因为她叔叔和姑姑都养了三个小孩。请问该怎样调整和引导？

　　这个话题需要分两个层面来理解。

　　首先是从青春期孩子的角度来理解。青春期是孩子自我意识开始觉醒的阶段，也是试图挣脱父母的养育与控制的阶段。在这个阶段，孩子为了能够体验到自己的强大，从而支撑自己的独立，需要刻意地去诋毁或攻击父母，让自己觉得父母是渺小的，或者父母都是坏的，这样他们就能够理想化一个外在的别人的父母，从而将更好的自己投射进去，比如追星，比如理想化老师等。这些都是为了能够体验到足够好的、强大的自己。毕竟，他们深深地感受到自己的局限，是与内心期望的那个自己不相符的，因而感受到很多对自己的愤怒。所以，你会看到很多孩子在这个阶段对自己亲近的人很凶，爱发脾气，一方面能够让自己不用体会离开父母的愧疚，另一方面也是对自己无能部分的愤怒投射。

在这个阶段，如果孩子为了父母的无意识需要而牺牲了自我，在青春期依然乖巧、懂事、讨好，这就意味着孩子很难真正长大。因为青春期是一个人人格成长的关键期，也是调整和修复儿童期问题的最后机会。

青春期也是孩子性意识觉醒的阶段。这一阶段的孩子开始重启之前俄狄浦斯期对父母的竞争与敌意，比如女孩开始意识到父亲是一个男性，是自己生命中最亲近的一个男人，很多女孩子会因此感到恐慌和尴尬，同时对母亲有所愧疚，而这种愧疚又会转变成对母亲的愤怒，因为是母亲的存在让自己感受到愧疚和羞耻。但这种情绪又无法言语，所以，青春期的女孩子常常会表现出对母亲的敌意和对父亲特意的疏远。

其次，从父母的角度来理解。父母如果无法接纳孩子的攻击，觉得孩子对自己是无情的，或者如您所感叹和担心的，认为孩子是个白眼狼，那么，父母的言下之意是希望体验到孩子对自己的感恩、亲近。这意味着父母自身可能有很多的无价值感，他们在无意识中试图通过抚养孩子来获得价值感。所以，一旦孩子因感受到这一点而表现出愤怒和拒绝时，常常令父母伤心甚至愤怒。有些父母会以各种方式让孩子感受到内疚和罪恶感，从而让孩子回报自己、爱自己、离不开自己。这往往也是父母自身的成长议题未修通的表现。这样的父母自身可能不自由，同时，也很难让孩子自由地成长、离开家庭。

此外，养育孩子的过程确实非常辛苦，但孩子带给父母的快乐与满足感、对生命的丰富体验是非常多的。内心富足的父母会因此而对孩子投以感恩之情，这种发自内心的喜爱与感恩会让孩子切实感受到他们的自我价值。所以，如果父母在养育孩子的过程中感受到的更多的是辛苦与劳累，或者无意识中需要刻意向孩子表达这份劳累，这说明父母没有足够地爱自己，去享受生活，才会有这样的心境投射在孩子身上。

所以，作为父母，我们还是要欣然接受孩子在成长过程中一次次的叛逆与无情。父母如果能够经受住孩子无情的使用，坚定地信任孩子的内心有感恩与爱，孩子就一定能够真正地对父母充满感情与爱。同时，用"孩子的成长就是一个变化的过程"的心态，去看待孩子在成长过程中表现出的起起落落，容纳孩子暂时的愤怒与失望，陪他一起经历、体会，最终孩子一定会在心灵最美的地方与我们相遇！

隔代教育问题

中国的社会结构和文化传统决定了很多父母在老了之后继续成为孙子孙女的养父养母，因此出现很多留守儿童现象、隔代养育现象，以及老人与子女争夺孩子抚养权及教育权的问题。不同的生活背景，不同的价值观念，让隔代教育问题显得尤为突出。究竟该如何看待及处理隔代养育对孩子的心理成长带来的影响呢？

如何避免隔代冲突对孩子的影响

我们家三代同堂，爷爷奶奶负责孩子的起居。这种环境对孩子的成长是否有利？当妈妈和奶奶产生矛盾，要如何避免对孩子造成负面影响？

首先，我们需要澄清一下冲突本身。隔代教育经常会引发价值观的冲突。每个成年人都有自己的价值观，有自己认为对的东西，并希望对方能承认自己的做法是正确的，而冲突的来源正是价值观的差异。但差异本身并不会导致冲突，是我们对差异的看法制造了冲突。当妈妈和奶奶有矛盾时，意味着妈妈同时也在坚持着自己认为对的东西。

一个真正心理健康的人，是有着良好适应力的人。他能够在包容各种价值观的同时，不失去自我的判断，有坚定的内心选择，却并不试图强加于人，因为他懂得尊重和允许差异的存在。因此，如果老人和父母发生矛盾，最好的方式是父母学会接纳并尊重差异，看到每一个选择背后的善意，特别是针对孩子。父母要相信老人内心深处都是为了爱孩子，只是有些做法欠妥。这个时候，父母要理解并允许老人的做法，主动和孩子解释老人这些做法背后的出发点，然后说明你的选择是什么，让孩子从不同角度看待这个问题，而不是单纯地指责和批评老人。你对孩子示范的包容性是孩子最好的风向标，他会学习到包容与尊重，同时形成自己的判断。

当然，以上是针对老人无法做出改变，同时我们又离不开老人帮衬的情况，这是我认为的最好的处理方式。这样的做法不会对孩子造成坏的影响，反而会让孩子感受到内心的自由，有助于孩子提高适应力和幸福感。

其次，每一个成年人也需要看到并接受的现实是，亲近的家庭成员是一定会对孩子有不同程度的影响的，这个是孩子的生命现实。父母能做的，是接纳和尊重基本现实。就像孩子出生在哪个国家，被分配到某个学校某个班级，这些很大程度上都是一个生命的基本事实，父母需要学会适应和接受，而不是整天抱怨无法改变的既定事实。然后，你需要相信的是，如果你是一个足够好的母亲，没有主动从孩子的生命中退出，让出母亲的角色，或不承担母亲的功能，那么母亲对孩子的影响永远是最大的。在正常的养育情况下，其他家庭成员只要对孩子没有造成创伤性的恶性事件，那么，他们的影响其实是不会太大的。

最后，我想再次强调的是，作为母亲，永远不要出让母亲的权利，这个身份是无法被替代的，也不应该被任何人替代。当家中的老人因为自身的问题试图代替母亲的功能时，妈妈一定要有力量建立边界。当然，这也需要父亲能够及时明确地表明一致性的态度。实在不行，妈妈要果断地选择与老人分离，这也是对孩子最好的保护。也希望当我们自己成为老人时，懂得尊重孩子的亲生父母这一无可替代的身份。

2

老人喜欢喂饭，3岁孩子还不肯自己吃饭

孩子从小一直是奶奶喂，3岁了还不会自己独立吃饭。我们想培养她自己吃饭的能力，有时候用特别的奖励激励她，她会愿意自己吃，大多数情况会找各种借口让大人喂，比如手酸、肚子痛之类的。打骂都不管用，一骂她就很委屈地哭，然后就找奶奶。该如何引导呢？

　　家里有奶奶想喂，喜欢喂，孩子自然是很难独立吃饭的。奖励、打骂都无法真正有效，还会造成孩子对母亲的抗拒。孩子的吃喝拉撒本来都是正常的自我功能，有需要就会自主完成的，但当大人因为自己的焦虑无法容忍或者过于用力的时候，孩子的自我功能就会被削弱，该吃饭的不会吃了，该说话的结巴了，该游戏的不敢动了，该选择的不会选了，这些都是大人亲手制造的悲剧。

现在来说说为何孩子在老人面前像个长不大的孩子。和老人在一起时，孩子往往会出现一些退行行为，更像个小小孩，这说明老人需要孩子像个小小孩，孩子满足了老人潜意识中想要体验年轻生命的需要。同时，这其中也有老人自我价值感的问题。

面对这些问题，大人之间还是要尽量统一意见，保持一致的标准。如果老人实在做不到，也不要强行干预，可以尽量让孩子形成不同的人格面具——在老人面前，她可以保持一个需要被照顾的孙女的面具；在父母面前，她需要保持一个正常女儿的面具；在老师面前，她需要保持一个好学生的面具，遵守规则，有更多的独立性。这样的孩子是非常健康和快乐的。

所以，您问我父母该怎么对待孩子，而我告诉您的是，首先想好怎么对待奶奶。和奶奶取得一致，孩子自然就会调整自己的应对方法。如果实在无法取得一致，那么退一步，考虑做出一些时间上的权责划分，让孩子一起参与选择，比如哪几天归奶奶管，哪几天归妈妈管，只要划分平均就行。如果老人就是不肯配合，甚至很强势，那么就需要考虑让奶奶退出家庭，换成保姆或其他人。

最后，关于拒绝，父母需要做到的就是用温柔的坚持去拒绝孩子，比如不喂饭，大人并不是带着指责与教育的语调，而是用充满爱的眼神看着孩子，温柔而坚定地告诉她：你现在长大了，就是不能喂饭了。孩子会哭会闹，父母需要共情孩子的失落，允许她难过愤怒，但依然温柔而坚定地在那里等待她。反复几次之后，孩子慢慢会做到该独立的独立，该依恋的依恋。因为孩子感受到了足够的爱，就不需要通过退行的孩子气的行为来体验和验证自己是否被爱。

奶奶对孩子说妈妈的坏话

> 奶奶以"你妈要是把你的户口提走，你爸就不给你学费"为要挟，迫使孙女跟她在一起，阻止孩子母亲（与她儿子离异五年的前儿媳）转走孩子户口。这对孩子会产生什么心理影响？该如何消解？

毫无疑问，当家庭中的成年人，特别是养育者，常年用语言投射一个糟糕的观念，对家庭中另一个成人进行侮辱，或者直接侮辱孩子时，孩子是难逃噩梦的，一定会内化一些糟糕的客体印象和自我意象。比如孩子奶奶的话，会让孩子认为父亲的爱是有条件的，自己是无价值的。

作为妈妈，你需要帮助孩子理解奶奶的行为和语言，让孩子学会爱与宽容，同时共情孩子在这样的语言环境中所承受的压力。千万不要升级冲突，针锋相对地说奶奶或父亲不好，这样会增加孩子的内心冲突。作为父母，需要学会自己调整情绪，自我成长，适当妥协。每个父母都应该学会将成人之间的事情与孩子分开，尽量避免在孩子面前争吵。如果实在无法回避，也需要事后让孩子知道，大人的冲突和争吵只是个体差异的体现，是暂时的，是就事论事的争论，丝毫不会影响对他的爱。

请记住，孩子需要的永远都是确认父母会一直保持友好的合作关系，同时他们都会爱自己。孩子最怕的就是面对父母的分离。父母彼此诋毁时，孩子会感受到对自己深爱和依赖的人不能去爱的冲突与限制，这会导致孩子内心的极大痛苦，同时产生巨大的隔离，甚至导致不知不觉的认知扭曲——孩子会认同其中一方长期对另一方的诋毁，并在内心滋生出很多的恨与疏离，导致成年后人际关系的不信任、自我保护、自我怀疑等。唯有更多的爱才能抚平那些曾经的伤痛。

老人对孩子灌输错误观念

> 奶奶经常跟女儿说她一辈子很苦、钱很重要、奶奶喜欢钱之类的话。现在，4岁半的女儿经常说她长大要赚很多钱给奶奶花。这样的金钱观教育从心理学的角度看是否健康？

这样的金钱观教育当然会有比较深远的影响。首先，孩子会认同奶奶，认为金钱很重要。如您所说，孩子可能会形成拼命去挣钱的价值观，至于这样是好是坏，那就仁者见仁智者见智了。

其次，孩子在潜意识中可能会形成一个抑制，就是不允许自己将来大胆地享受生活，不敢享受金钱带来的美好体验，因为那样会激发对奶奶的愧疚。毕竟，那么爱我的奶奶一辈子过得那么苦，我怎么能够允许自己过得比她好呢？这会形成很大的内心冲突。这也是很多中国孩子的内心通病，只能挣钱，不能享受花钱。

另外，孩子也会形成一个无意识的自我认同——我是奶奶的麻烦，奶奶养育我是很辛苦的，我并非是奶奶生命中的礼物。孩子就会有比较低的自我价值感，她必须通过给予奶奶什么才能感受到自己的价值。而生活中这样的长辈往往又不太会接受孩子对他们的回馈和付出，比如，父母往往在孩子给他们买了东西后说孩子浪费钱，因为他们自己内在也是无价值的，享受不了别人对他们的好。在这种情况下，孩子就更加无法证明自己的生命是有价值的，也无法享受生活的美好，他们会告诉自己需要不断地去追求和努力，不敢懈怠，但无法感受到生命的价值和活着的意义。这一点是比较悲哀的。

所以，好的父母就是要学会让自己过得轻松快乐，同时接受孩子给自己的回馈，这样孩子就可以自由地飞翔，快乐地生活。